JN164995

今日から
モノ知り
シリーズ

トコトンやさしい

地質の本

私たちの足元にある大地は、様々な地層や岩石でできていて、これらの性質・状態のことを「地質」と呼びます。つまり、地質を知るということは、その土地のいろいろな性質・特徴が理解できるということなのです。

産業技術総合研究所
地質調査総合センター
藤原 治
斎藤 眞 編著

B&Tブックス
日刊工業新聞社

はじめに

日本の都市では地面の多くを人工的な建造物が覆っています。このため、私たちは自分の足元にある地質に触れる機会がほとんど無くなりました。しかし、見えても見えなくても、地質は私たちの生活と密接に関係しています。

日本列島はプレートが収束する境界にあって、地球上で最も活発な地質現象が起こっており、複雑な地質が分布する地域です。そのため日本の地質は、世界の中でも大変詳しく調べられています。なぜ日本の地形が変化に富み植生などが地域で異なるのかは、地質が大いに関係しています。また、なぜそこに特有の資源があるのか、起こりやすい自然災害に地域差があるのかなども地質に原因があります。環境問題、資源開発、土地（地下）利用、自然災害に強い国づくりなど、地質と社会生活との関係はますます複雑になっています。

地質を調査して、それを決まった色や記号を使って地図上に表したものが地質図です。日本では、産業技術総合研究所地質調査総合センターが国の仕事として地質図を作成し出版しています。本書ではこの地質図を軸にして、日本列島の地質にどういう特徴があるのか、私達はその地質とどう付き合っているのか（付き合っていくのか）を説明することに重点を置いています。もちろん、地質は地球全体の成り立ちとも関係しますから、そうしたテーマも取り上げています。

地質図を作るのには、複雑な地質に関する情報を紙の上に記述する必要があります。そのために、様々なテクニックやルールがあります。これを知っていると地質がぐっと身近になります。
地質には材料とでき方によって様々な種類がありますが、それは堆積岩や火山岩といった大きな区分からはじまり、砂岩や玄武岩といった個別の岩石名、さらに細かな分類まであります。また、人に住所と名前があるのと同じく地層にも住所に相当するものや名前があります。本書では最初に、こうしたことを決める方法などを紹介します。
地層には様々な化石が含まれていることがあります。恐竜のような大きなものから顕微鏡で見てはじめてわかるごく小さなものまで、多種多様です。化石は資源にもなります。第2章では、こんなところに化石が使われていたのか、という例も紹介します。
地質図には目的に応じていろいろな種類があります。縮尺もいろいろです。今ではインターネットさえあれば、何処でもいつでも日本の地質図を見ることができるようになりました。そんな地質図の知識を第3章で紹介しています。
様々な恩恵を私達に与えてくれる地質ですが、一方で自然の猛威を振るうこともあります。地震、津波、土砂災害などは地質学的な変動帯に位置する日本では避けて通ることができません。しかし、第4章で紹介しているように自然災害の起きる仕組みや、そういう現象が置きやすい場所を知っていれば、被害を減らすことはできます。
日本は資源小国と言われますが、採れる鉱物資源の種類は多様です。なぜそんなに種類が多いかは、複雑な地質の成り立ちと関係があります。国土面積の割に地熱や地下水資源が多いのも日本列島の特徴です。第5章と第6章では、〝資源国日本〟と、地質に関連する土地利用などの様子を見てみましょう。
地質と風景とは切っても切れない関係にあります。小川の岸に見える小さなものから、人工衛星で見ないとわからない巨大なものまで、地質は様々な風景を作っています。最近ではジオパークや世界遺産としても地質の魅力が取り上げられています。地質を観察するポイントを知っていると、その楽しみはさらに広がるでしょう。第7章ではそんな〝地質の見方〟も解説します。

地質は陸上だけでなく、もちろん、海底にも広がっています。ですから、海底の地質図というものもあります。海底は直接目で見られない場所が多いので、海底で地質を調査するには特別な技術や道具が必要です。海洋国日本にとって、海底の地質を知ることには大きな意味があることを第8章で紹介しています。

語れば切りのない地質のお話ですが、読者の皆さんには「そうか、ここにも地質が関係していたのか」、と発見をしていただければ幸いです。

2018年2月

著者一同

目次 CONTENTS

第1章 〝地質〟っていったいどんなもの？

第2章 「見つかる化石」が地質を語る

第3章 地質がわかる地質図の秘密

第4章 地質を見れば自然災害がわかる

第5章
地質の中にはいろいろな資源が眠る

第6章 地質は社会の基盤となる重要なもの

第7章 地質がつくる摩訶不思議な絶景

第8章
海洋にも地質図がある

第1章

“地質”って いったいどんなもの?

1 地質ってなんだろう

人類社会と密接にかかわるもの

私たちの足元にある大地は、様々な地層や岩石でできています。これらの性質・種類・状態のことを「地質」と呼びます。つまり、地質とは大**地**の性**質**という意味です。

地質は地球の景観を作ったり、生物の活動の場を提供したり、人類には様々なエネルギーや鉱物資源などの恵みをもたらしています。また、構造物を支える地盤、あるいは地下利用などの場としても重要です。一方、地質は地震や火山噴火、地すべりなど自然災害の原因となることもあります。このように地質は人類社会と密接にかかわっています。

地球上のどこにどんな地質があるのか、それはいつ、どのようにしてできたのか、地質は将来どうなっていくのかなどを専門的に研究する学問を地質学といいます。

岩石や地層を形成したり、その分布形状などの地質構造をつくる現象は、地質現象と呼ばれます。地質現象が起こった(あるいは起こりつつある)環境のことを地質環境と呼びます。私たちは地質環境の中で様々な地質現象とともに生活していると言えます。地質を理解することは、資源や環境問題への関心を深めるだけでなく、安心・安全で豊かな生活を持続していくことにもつながります。

地質への国民の理解をより推進するため、2008年に5月10日が『地質の日』に制定されました。この日は、明治9(1876)年、「お雇い外国人」であった米国の鉱山学者ライマン(ベンジャミン・スミス・ライマン)らによって、日本で初めて広域的な地質図が作成された日です。また、明治11年5月には、地質の調査を行う国の組織として内務省に地理局地質課が設立されました。その後明治15年に農商務省に「地質調査所」(Geological Survey of Japan)が設立され、2001年に産業技術総合研究所地質調査総合センターとなりました。

要点BOX

●地質は地球の景観を作ったり、生物の活動の場を提供したり、人類に様々なエネルギーや鉱物資源などの恵みをもたらしている

地質とは足の下すべてのこと

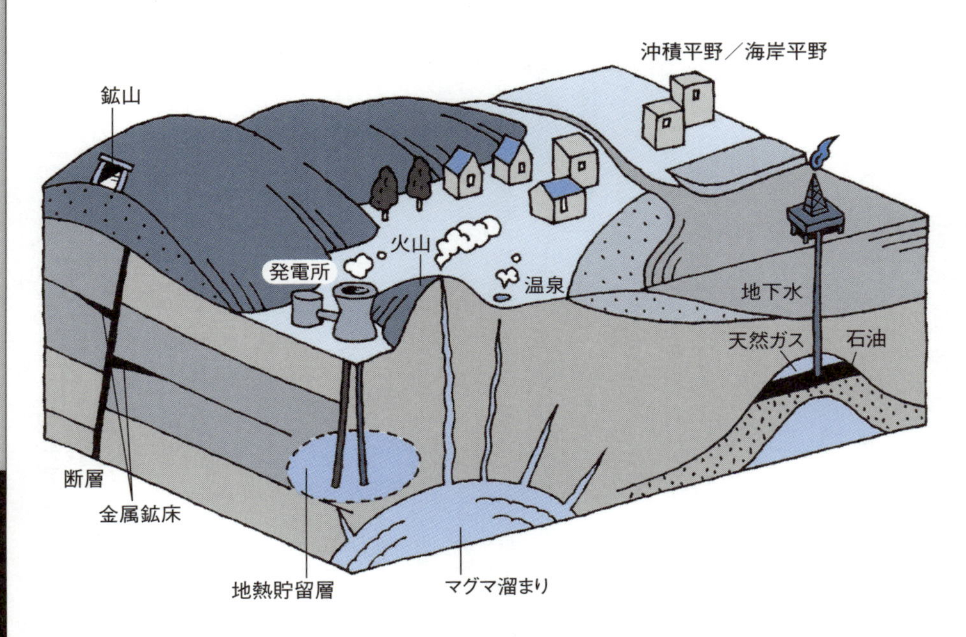

私達の生活は地質を様々に利用している。

2 地質を理解するにはまずは地層から!?

層状をなして累積した堆積岩

現在では人工の舗装や被覆が進んで、地層を直接見られることは少なくなりました。それでも川岸、崖、工事現場などでは地層を見る機会があります。

地層とひとくくりに呼びますが、地層とは何でしょうか? 少し詳しく説明すると「層状をなして累積する堆積岩」とされるのが一般的です。

堆積岩とは、水や風で運搬され堆積したものです。マグマが固まった火成岩や、熱や圧力で元の岩石が変化した変成岩は地層とは呼ばず、「岩体」などと呼ぶのが普通です。

地層を作っている物質は、起源や大きさが様々です。起源で分けると、岩石が砕けてできた粒子、火山灰等の火山活動で噴出された粒子、生物の遺骸などがあります。

大きさで分けると、小さい方から粘土、シルト、砂、礫となります。火山噴出物は火山灰、火山礫、火山岩塊と呼ばれます。

地層は何か一種類の均質(純粋)な粒子からできていることは少なく、これらが様々な割合で混ざっているのが普通です。岩石を区別するときは、最も含有比率が高い粒子の特徴で泥岩、砂岩、あるいは砂質シルト岩などと呼び習わしています。

地層の硬さはまちまちで、手で触ると簡単に崩れる軟かいものから、ハンマーでたたくと火花が散るほど固いものまであります。

地層は一般に堆積したての頃は柔らかく、時間とともに様々な作用で硬くなっていきます。これをすべて○○岩と呼ぶのは相応しくないので、同じ砂でできていても、例えばスコップで崩せる程度に柔らかいものは砂層、より硬いものは砂岩と呼ぶのが一般的です。

また、貝塚のような人の手がかかわっているものは「遺物」と呼ぶのが普通です。埋立地のゴミも遠い将来は遺物と呼ばれるかも知れません。

要点BOX

●地層は何か一種類の均質(純粋)な粒子からできていることは少なく、これらが様々な割合で混ざっているのが普通

地質を理解するにはまず地層から

火成岩	マグマから固まってできる	火山岩	マグマが地表に噴出して急速に冷え固まったもの。溶岩、火砕流堆積物など。
		深成岩	マグマが地下深いところでゆっくりと冷え固まったもの。橄欖岩、花崗岩など。
		岩脈	マグマが岩盤の割れ目に貫入して板状に固まったもの。
堆積岩	水や風の作用で降り積もってできる	砕屑岩	岩石から風化・浸食によって生じた粒子(砕屑物)でできているもの。
		火山砕屑岩	火山から噴出された粒子でできているもの。火砕岩とも。火山岩に分類することもある。
		生物岩	生物の遺骸や生物活動で生成されたものからできた岩石。
		化学岩	海水や温泉水などに溶けていた成分が化学的に沈殿してできたもの。
変成岩	岩石が強い熱や圧力をうけてできる	熱変成岩(接触変成岩)	主に強い熱をうけてできたもの。泥岩が熱を受けて緻密になったホルンフェルス 、石灰岩が再結晶して粗粒になった大理石など。
		広域変成岩	熱と圧力を同時に受けてできたもの。結晶片岩、片麻岩など。
		動力変成岩	断層活動に伴ってその周辺の岩石が変形·破砕されてできたもの。

地層とは、一般に堆積岩のことを指します。

ここでは成因よる大まかな分類を示す。岩石の種類は、何からできているか、どういう大きさの粒子からできているかなどによっても細分される。

堆積岩のもとになる砕屑物は、粒径で分類されている

砕屑物	mm	mm	φ	火山砕屑物
巨礫				火山岩塊
大礫	256	256	−8	火山岩塊
中礫	64	64	−6	火山礫
細礫	4	4	−2	火山礫
極粗粒砂	2	2	−1	火山灰(火山砂)
粗粒砂	1	1	0	火山灰(火山砂)
中粒砂	0.5	1/2	1	火山灰(火山砂)
細粒砂	0.25	1/4	2	火山灰(火山砂)
極細粒砂	0.125	1/8	3	火山灰(火山砂)
粗粒シルト	0.063	1/16	4	火山灰(火山シルト)
中粒シルト	0.031	1/32	5	火山灰(火山シルト)
細粒シルト	0.016	1/64	6	火山灰(火山シルト)
極細粒シルト	0.008	1/128	7	火山灰(火山シルト)
粘土	0.004	1/256	8	火山灰(火山シルト)

ϕは粒径をdとするとき、$\phi = -\log_2 d$で表わされる単位

堆積岩の例

- 礫岩……礫を主体とする岩石
- 砂岩……砂を主体とする岩石
- シルト岩…シルトを主体とする岩石
- 泥岩……シルトや粘土を主体とする岩石など

生物起源の堆積岩の例

- 石灰岩……石灰質の殻をもつ生物(*1)起源の岩石
- チャート……珪質の殻をもつ微生物(*2)起源の岩石

(*1) サンゴ、有孔虫など (*2) 放散虫、珪藻など

3 地層のできかた（堆積岩）

水中とは限らない

地層は、何からできているか（素材）、どうやって運ばれたか（プロセス）、どこに堆積したか（場所）などによって区分されます。素材としては、粒子の種類とサイズが重要です。地層を構成する粒子は岩石の破片、火山噴出物、生物遺骸などです。地層の名称としては例えば、石英からなる砂粒子を主体としていれば、石英質砂岩というようになります。

プロセスに注目すると水成層と風成層といった具合になります。水と関係して堆積したものだけでなく、風によって形成された地層もたくさんあります。例えば、砂漠や砂丘がそうですし、中国内陸部の黄土高原では砂漠から巻き上げられた細かいチリ（シルトや粘土）が分厚く堆積しています。春を中心に西日本で見られる黄砂は黄土高原から偏西風に乗って運ばれてきたものです。

水や風で運ばれるときに、粒子の大きさや密度によって篩い分けが起こります。これが55などで述べる地層に"縞"ができる原因の一つになります。例えば、砂鉄が多い川や海岸では、重い砂鉄と軽い石英などの鉱物が水流で篩い分けられて濃集し、それが黒・白のバーコードのような縞が見られます。

氷河が地表を侵食して運搬した砂や礫などが堆積した氷河堆積物というものもあります。氷河が大きく広がった氷河期にはこうした地層がたくさん作られました。場所で言うと、水成層は海成層、湖成層、河成層などに分けられます。堆積した環境によって、深海成層、大陸棚堆積物、海浜堆積物、などとより細かく分類することもあります。

地層が堆積する速さは条件によって様々です。深海底で粘土粒子などがゆっくり沈殿する場合は、わずか1cmの厚さの地層が堆積するのに何百年もかかることがあります。一方、土砂崩れのように大量の物質が急速に動く場合には、何十mもある厚い地層が一瞬で形成されます。

要点BOX

●地層には、水と関係して堆積したものだけでなく、風によって形成されたものもたくさんある

地層のできかた

砕屑粒子のサイズは、供給源から離れるほど砕けるなどして小さくなる。また、速い流れほど大きな粒子を運ぶことができ、砕屑粒子の供給源に近い山麓では、粗粒な礫や砂などが河川の速い流れで運ばれ、扇状地などを作る。河川の下流や海岸では 砂質や泥質の堆積物が増え、波が海岸を浸食している場所の近くでは、粗い礫や砂が堆積する。

海底では一般に海岸から遠い大陸棚から深海平坦面にかけての堆積物は、シルトや粘土の割合が高くなる。深海では陸から河川経由で運ばれてくる粒子は減少して、風で運ばれてくるシルト・粘土や生物起源の粒子が増える。ただ、深海まで到達する河川の流域やプレートの沈み込みの起きている海溝では陸から離れていてもしばしば粗い物がたまっている。

4 火山岩・深成岩のでき方

マグマが様々に変化する

マグマが冷えて固まった石を火成岩といいます。このうち、地表近くで急激に冷えてできた石を火山岩、地下深くでゆっくり冷えた石を深成岩といいます。

マグマは地下深くで生まれます(30参照)。発生したマグマは周りの岩石よりも軽いので、地表に向かって上昇して来ますが、やがて岩石との密度差が少なくってくると滞留するようになります。これを「マグマだまり」と呼んでいます。マグマだまりでは、マグマは徐々に冷える一方、周りの岩石を溶かしたり、後から上昇してきたマグマと混ざり合ったり、様々に変化していきます。

マグマはいわばドロドロに溶けた岩石ですが、温度が下がるにつれて鉱物の結晶が晶出してきます。鉱物には高温で安定なタイプと低温で安定なタイプがあります。マグマが冷え始めると、まず高温で安定な鉱物の結晶ができてきます。仮にこのときに噴火が起きると、高温で安定な鉱物(例えばかんらん石)を含む火山岩(例えば玄武岩)ができます。

鉱物の結晶は液体のマグマより重いので、次第にマグマだまりの底に沈んでいきます。こうして結晶ばかり集まってできた石が深成岩です。一方、残った液体のマグマはより軽くなるので、再び上昇しやすくなります。また、マグマと鉱物の組成は同じではないので、鉱物が晶出した後のマグマは、組成も変わります。一般には、マグマは冷える過程で次第に鉄・マグネシウムを結晶に取られ、シリカの割合が増えてきます。

マグマがさらに冷えると、もう少し低温で安定な鉱物が晶出し始めます。岩石に含まれる一般的な鉱物は10種類ほどありますが、安定して存在できる温度がそれぞれ違います。したがって、噴火のときにマグマがどの程度まで冷えていたかによって生成する火山岩の種類も変わります。反対に、岩石に含まれる鉱物の種類がわかれば、どのくらいの温度のマグマからできたのかを知ることもできます。

要点BOX

- マグマが冷えて固まった石を火成岩、そのうち地表近くで急激に冷えてできた石を火山岩、地下深くでゆっくり冷えた石を深成岩という

火山岩・深成岩のでき方

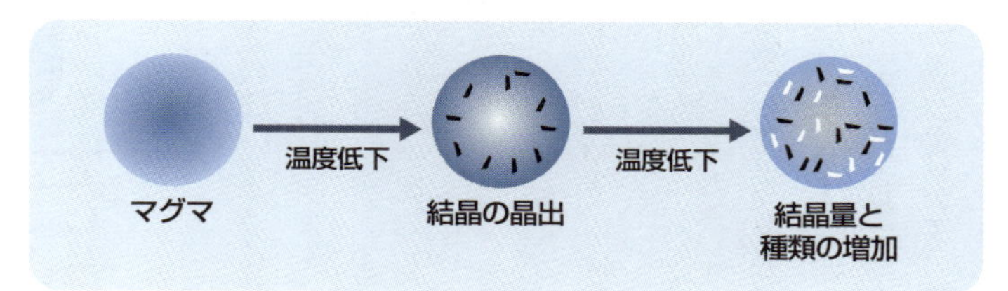

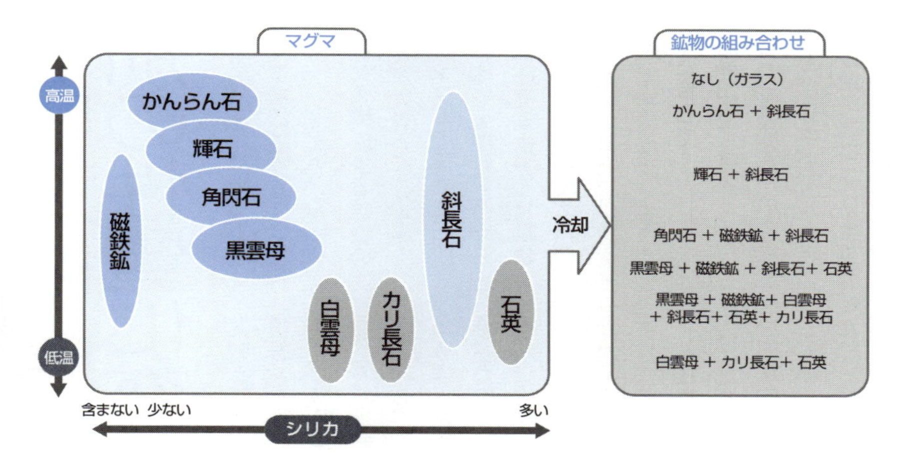

火成岩の多様性の原因

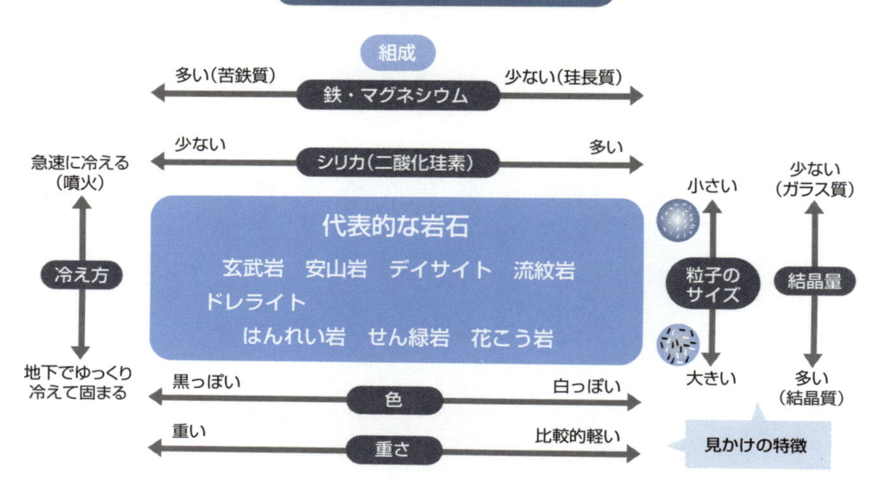

出典：いずれもGSJのウェブページ「地質を学ぶ、地球を知る」を参照

5 温度や圧力によって石が別の性質に変化する

変成岩のでき方

もともとあった石が、温度や圧力の変化によって別の石に変わってしまうことがあります。こうしてできた石を変成岩といいます。

温度・圧力が高くなると、岩石を構成する鉱物の結晶が再結晶を起こし、サイズが大きくなります。よく知られた例では、炭酸カルシウムでできた石灰岩という岩石は、結晶が大きくなって大理石という石に変化します。また、低温・低圧で安定だった鉱物は分解し、高温・高圧で安定な鉱物(変成鉱物といいます)に変わってしまいます。さらに、岩石には大きな力が働いた結果、岩石の組織が変形してしまうこともあります。

地球の内部は、地上に比べると温度・圧力ともはるかに大きくなります。特に、プレートの沈み込みは、地表の岩石(特に堆積岩)を地下深くまでもたらすことになり結晶片岩などの高圧型変成岩になります。またマグマだまり周辺では広域的に片麻岩などの高温型変成岩ができます。結晶片岩や片麻岩は、堆積岩とも火成岩とも異なる独特の模様を呈することから、装飾用の石としてよく利用されます。

一方、地表に近い場所でも、地下から高温のマグマが上昇してくることがあります。マグマのすぐ近くにあるような岩石は、圧力はあまり変化しなくても温度がたいへん高くなるため、接触変成岩と呼ばれる岩石に変化します。大理石は主にこの種類の変成岩です。また、マグマと混合して元の岩石なのかマグマが冷えた火成岩なのか見分けがつかないような岩石もあり、ミグマタイトと呼ばれます。

もうひとつ、断層活動でできる変成岩もあります(動力変成岩)。断層が動くとき、岩石には非常に強い力がかかります。このため、岩石の一部が強く変形していたり、摩擦で溶けた証拠である急冷ガラスを含んでいたりします。

要点BOX

●変成岩には大きく分けて、高圧型変成岩と接触変成岩がある

接触変成岩のでき方

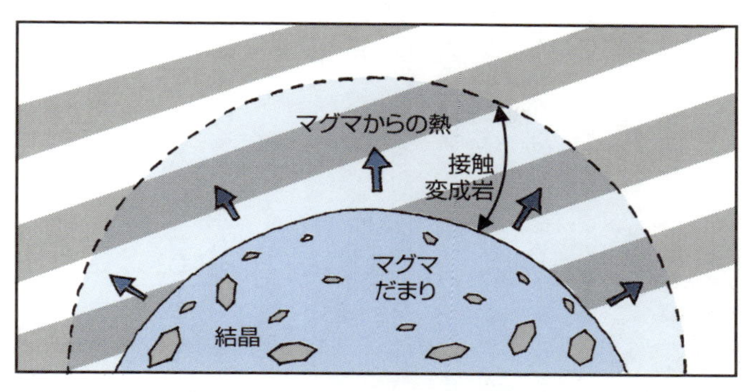

マグマだまりの周りに形成される接触変成岩

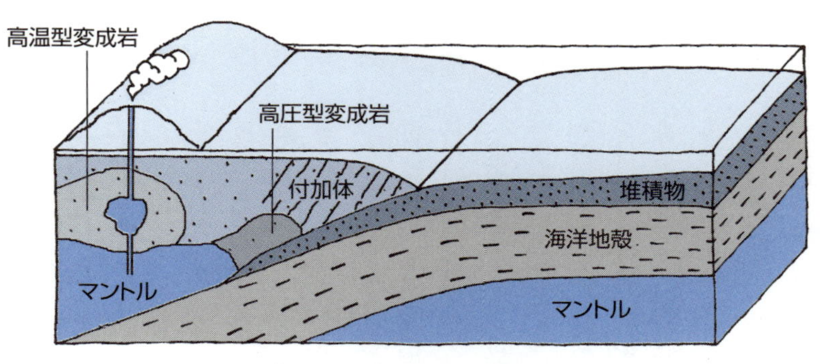

地下深くで形成される高圧変成岩

韓国全羅南道の眼球状片麻岩。
力を受けた結晶が、横方向に引き延ばされている

6 日本列島の骨格をなす付加体

付加体は、一般的にはあるプレート(A)が他のプレート(B)の下に沈み込む時に、プレート(A)上の岩石が、プレート(B)の前面にくっついたもので、多くはプレート(A)が海洋プレート、プレート(B)が大陸プレートです。プレート(A)上の岩石は掃き寄せられ、いわばゴミだめのような複雑な地層ができます。

日本列島の基盤をなす地層の多くは付加体で、多いタイプから海洋プレートの沈み込みによって地下浅いところで付加した非変成のもの、地下深部(数十km)で付加したもの(高圧変成岩)、海洋プレート上の島弧が衝突して付加したものがあります。

非変成の付加体では、形成時にできた地質構造がしばしば明瞭に残されています。例えば海洋プレートから低角の逆断層で剥がされて積み重なった構造を持つこと、海山が沈み込む時に海山の表面にある玄武岩や頂部の石灰岩がすでに付加したものと混じり合った複雑な構造があること、後に海洋プレートから剥がされた(より時代の新しい)付加体ほど下に存在することなどです。これらができる時には地震が起きたはずで、付加体は過去の地震発生の化石です。さらに、海洋プレート上では、大陸起源の粒子が届かない遠洋域から大陸の縁の海溝に近づいていくため、付加体を構成する地層は上位の新しい地層ほど粒子が粗い特徴があります。

日本では非変成の付加体が古生代の中頃から知られ、ペルム紀〜古第三紀の付加体が多く分布します。また丹沢山塊は伊豆弧の上で新第三紀に活動した火山が付加した付加体です。陸上の最も若い付加体は三浦半島の先端と房総半島南部にあり年代は新第三紀後半ですが、現在も南海トラフでは付加体が形成されつつあります。高圧変成を受ける深度で付加した付加体には、石炭紀〜白亜紀のものがあります。非変成でも、高圧変成でも付加体は、多くできた時代と、ほとんど形成されない時代があります。

要点BOX

●日本列島の基盤をなす地層の多くは付加体であり、非変成の付加体と高圧変成を受けたものがある

普通の地層（正常堆積物）のでき方の一例

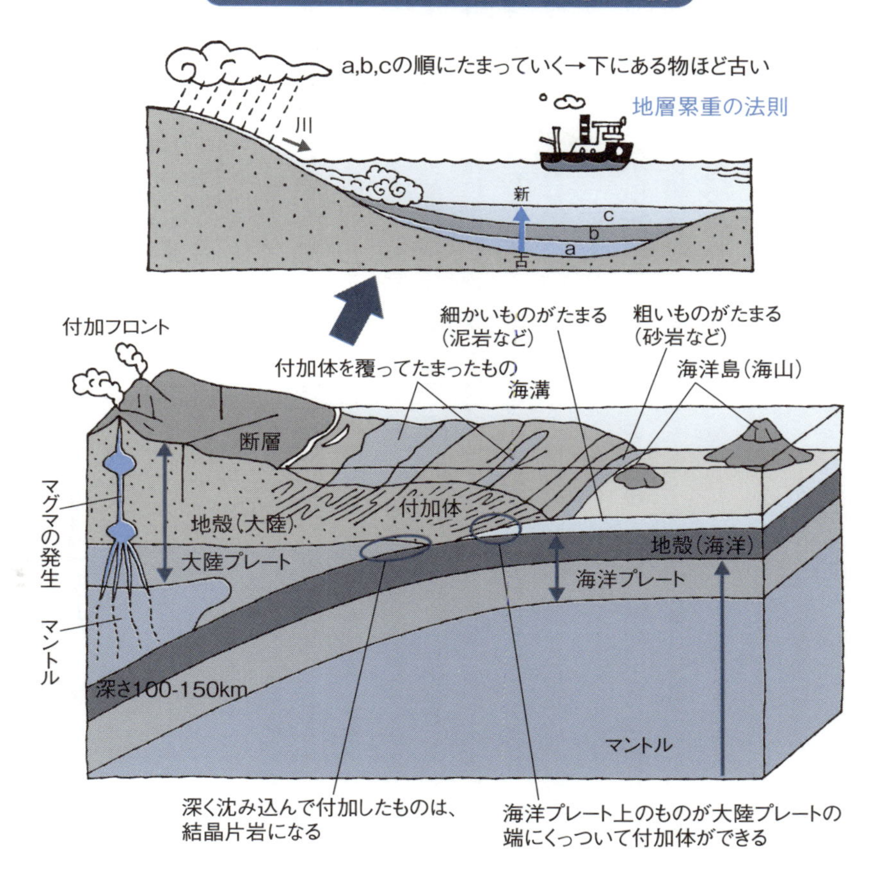

付加体（付加コンプレックス）のでき方の一例

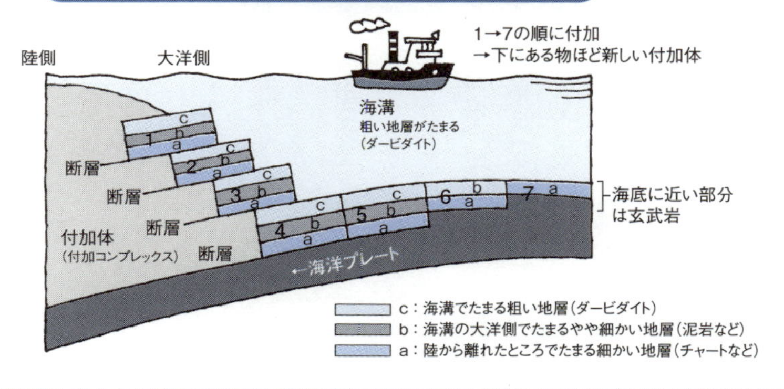

7 地層にも住所と名前がある

地層や岩石は空間的な広がりとともに、時間的にも過去から現在まで広がっています。そのため、どこからどこまでを何という名前で呼ぶかを決めないと不便です。これには国際的なルールがあり、日本では日本地質学会が「地層命名の指針」を示しています。

それによると、地層の分類は、地質図に表現可能で露頭において明確に識別・追跡できる堆積体または岩体を単位として行われます。その基本単元は「層」と呼ばれます。これは例えば砂岩のような1種類の地層からできていることもあれば「砂岩と泥岩が繰り返し重なり、時々火山灰層を挟む地層」のように複数種の地層からなる場合もあります。

関連する「層」を幾つかまとめて「層群」、「超層群」などと呼ぶことがあります。一般的には「層群」や「超層群」どうしの間は不整合関係にあります。一方、層を地層の特徴で「部層」や「単層」などに細分することもあります。

それぞれの層には「模式地」があります。「模式地」はその層が典型的に露出し、層の上下の境界や他の層との関係、層を作る地層の特徴などが良くわかる場所を指定します。自然の営為や人為による改変で模式地の露頭が失われた場合には、新模式地を指定することができます。

「層」や「層群」の名称は「模式地の地名」+「単元名」で付けます。人の姓・名の関係に似ています。この際に用いる地名は、国土地理院発行の5万分の1または2・5万分の1地形図に記されている地名や地形(山・河川など)名を使うことが基本です。例えば、南関東には貝化石などを多産することでよく知られた木下(きおろし)層があります。「木下」は模式地である千葉県印西市にある地名、地層分類の単元としては「層」です。木下層は他のいくつかの層と一緒に下総(しもうさ)層群を作っています。下総層群は関東平野に分布する浅海性の地層です。

要点BOX

●地層の名前を決めるのは、国際的なルールが作られていて、日本では日本地質学会が「地層命名の指針」を示している

地層にも住所と名前がある

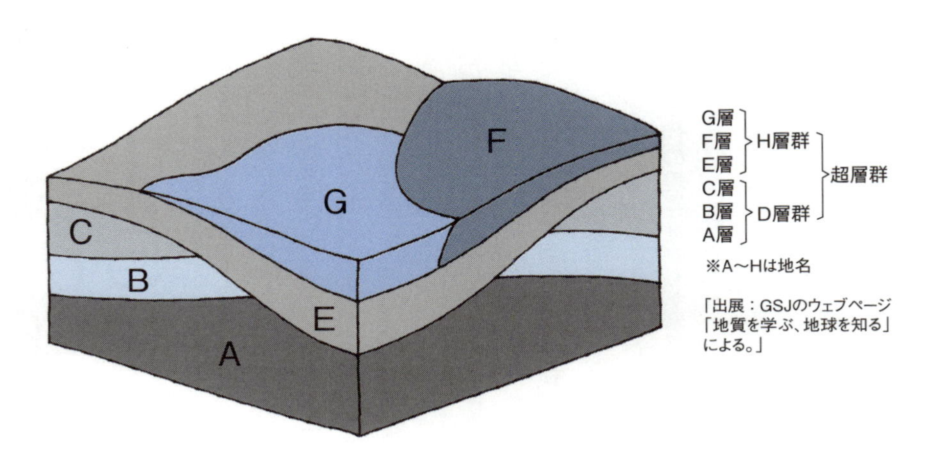

重なり合う地層は時間的に連続してできている場合（整合）と、地層の間に時間の不連続がある場合（不整合）がある。図のE層は下にある地層を削って、不整合に覆っている。不整合の原因には、海水準変動や地盤の隆起など地域的・汎世界的な現象が関係している。

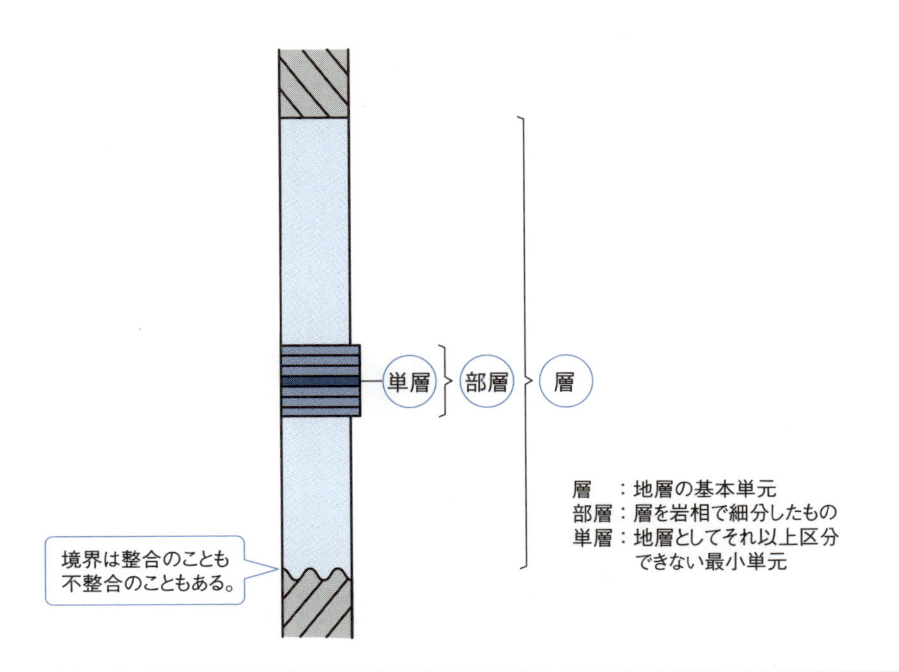

8 地球の46億年の歴史を115に分けてみる

地球の歴史を区分する

白亜紀とかジュラ紀と言う名称を聞いたことがあるでしょう。これは地球の歴史の中である特定の時代を指す用語です。地質年代の区分は、生物の変遷や地質学的なイベントに基づいて決められています。現在のところ、地球の46億年の歴史は115の地質年代に区分されています。

地質年代の名称は、その時代を代表する地層の特徴やそれがよく露出する地域の名称などが選ばれます。白亜紀はドーバー海峡のチョーク(白亜)に由来します。また、ジュラ紀の地層は、フランス東部からスイス西部にかけてのジュラ山脈に広く分布しています。それぞれの地質年代の境界は誰もが確認・検証できるよう基準となる地層が世界で1カ所づつ国際的同意の下に定められています。それを国際境界模式層断面及びポイント(Global Boundary Stratotype Section and Point 略称:GSSP)と言います。

例えば、恐竜が絶滅した白亜紀と古第三紀の境界(約6550万年前)を示すGSSPはチュニジア北部のエル・ケフ近郊にあります。巨大隕石の衝突を示すイリジウムが濃集した厚さ50㎝ほどの粘土層(境界粘土層)の基底がそれに当たり、「ここから新生代」と指差すことができます。地質年代の区分の基準を何にするか、名称を何にするか、境界の年代を何時にするか、などが絶えず見直されています。そのため、まだGSSPが未決定の地質年代もあります。

更新世の前期と中期の境界もその一つです。この境界は地球の磁場が最後に逆転した松山—ブリュンヌ境界(約77万年前)とすることは決まっていましたが、2017年12月現在、房総半島の中央部(千葉県市原市)の地層「千葉セクション」がGSSP候補に挙がっています。千葉セクションが選定されると、日本初のGSSPとなります。その場合、約77万年前~12万6000年前の地質年代に対する名称として「チバニアン期」(「千葉の時代」の意)が提唱される見込みです。

要点BOX

- 地質時代の区分は、生物の変遷や地質学的なイベントに基づいて行われる

国際年代層序表

累代	代	紀	世	期	年前
顕生累代	新生代	第四紀	完新世		1.17万
			更新世	後期	12.6万
				中期	77万
				カラブリアン期	180万
				ジェラシアン期	258万
		新第三紀	鮮新世		533.3万
			中新世		2303万
		古第三紀	漸新世		3390万
			始新世		5600万
			暁新世		6600万
	中生代	白亜紀			1億4500万
		ジュラ紀			2億130万±20万
		三畳紀			2億5190.2万±2.4万
	古生代	ペルム紀			2億9890万±15万
		石炭紀			3億5890万±40万
		デボン紀			4億1920万年±320万
		シルル紀			4億4380万年±150万
		オルドビス紀			4億8540万年±190万
		カンブリア紀			5億4100万年±100万
先カンブリア時代	原生代				
	始生代				46億

ここがチバニアン期になるかもしれません

地層が堆積した時代の区分と各時代に堆積した地層の呼称（階級）の対応。

地質時代	類代	代	紀	世
その地質時代に堆積した地層	類界	界	系	統

時代の新旧	地層の上下関係
後期	上部
中期	中部
前期	下部

「新生代」に堆積した地層は「新生界」と呼ぶ。また「前期」、「中期」、「後期」と言った年代の新旧に対応する地層の呼称は、「下部」、「中部」、「上部」と地層の上下関係を示すものになる。後期更新世に堆積した地層は「上部更新統」。

実際には、地質年代はさらに細かく区分されている。
地質年代の年代値と名称は、日本地質学会が作成した国際年代層序表（2015年版）を参考にした。

9 地層累重の法則

上にあるほど新しい

地質学の基本法則の一つに「地層累重の法則」があります。「褶曲などの特殊な事情がなければ、上に重なっている地層は下にある地層より時代が新しい」というシンプルなものですが、これを正しく理解するのは案外難しいものです。ちなみに、この法則は17世紀にデンマークの科学者ニコラウス＝ステノが提唱し、18世紀に英国の土木技師ウィリアム＝スミスによって確立されました。

地質学の専門家でも、地層累重の法則を直接体験することは稀です。そんな体験をさせてくれる露頭が静岡県の富士川の河畔にあります。県道396号（旧東海道）が富士川を渡る富士川橋の少し下流に、富士山から流れてきた溶岩が露出しています。これは約1万7千年前の噴火によるもので、当時の富士川の河原に流れてきて冷えて固まりました。ここでの厚さは2～3mで、周りの堆積物より硬い溶岩が壁のような高まりを作っています。下にある河原の堆積物と溶岩との接触部は、溶岩の熱で焼かれて色が変わっています。河原の堆積物に含まれている木片は炭化していて、溶岩の熱で蒸し焼きになったものと思われます。ここでは、河原に地層が堆積しその後に溶岩が流れてきた、という時間の流れが分かります。これはこの本で最初に定義した地層以外に火山岩にも「地層累重の法則」が使える例でもあります。

褶曲や断層による変形で地層が元の上下関係と逆転している場合などがあります。そんな時は、地層には重力に起因する堆積構造があるので、それを使って上下判定をします。級化構造、タービダイトの基底にある荷重や侵食の痕跡からは、重力の方向、つまり元の下側がわかります。

プレートの沈み込みによってできる付加体（6参照）には下の地層が新しいという一見この法則に反する場合があります。地層に平行な断層で古い物ほど上になる付加体形成の「特殊事情」を表わしています。

要点BOX
- ●地層は上へ上へと重なっていく
- ●断層や褶曲で変形したり、上下の順がかわっていることもある

地層累重の法則

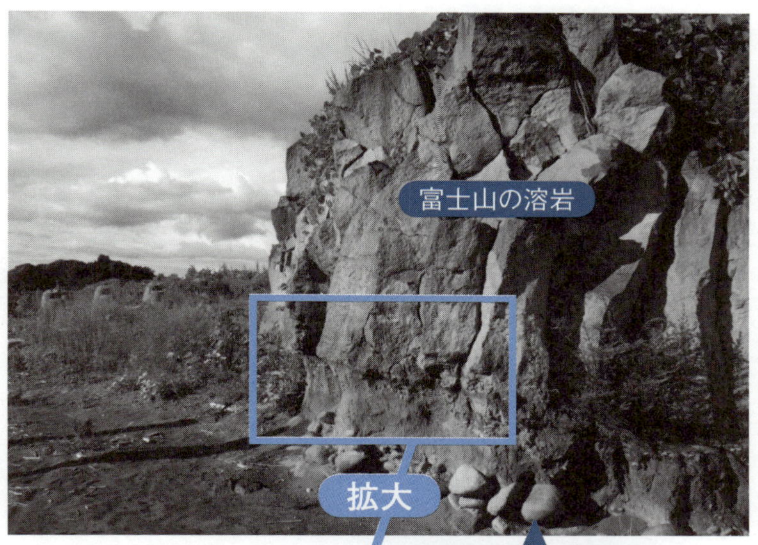

まず河原の地層が堆積し、その後に富士山の噴火があって溶岩が流れてきた。

Column

地質の年代を決める

近代的な地質の研究が始まったころは、地層の年代を直接計る方法がなく、地層の形成年代を決めるために化石が使われました。地層中で、ある生物が初めて現われたり絶滅したりした境界を時代の区切りにしたのです。その区分には三葉虫、アンモナイト、貝類など目で見える化石が使われ、これによって遠く離れた地層の対比(比較すること)が可能になりました。その名残は古生代、中生代、新生代という地質年代の大区分の名前に見られます。これは古い生物の時代、中くらい古い生物の時代、新しい生物の時代といった意味です。

地層の時代を決める手掛かりになる化石を示準化石と言います。分布が広く、個体数が多く(化石に残りやすい)、進化の速度が速い(短時間に形態が変わる)ものほど、示準化石としての価値が高まります。海流に乗って世界の海に広く分布するプランクトンの仲間はその好例です。多種の示準化石を組み合わせることで、地質年代の区分をさらに細分したり、年代推定を精密にすることができます。

化石による地質区分は、どちらが古いか新しいかを示す「相対年代」です。具体的な数値として の年代を調べるには、地層中に含まれる放射性元素が一定の割合で崩壊し安定な元素に変わっていく現象を利用します。これを「放射年代」と言います。放射性元素の量が初めの2分の1になる時間を半減期と言います。初めにあった放射性元素がどのくらい減ったか(半減期を何回経験したか)を測定することで、その鉱物や岩石などが閉鎖系(物質の移動がない状態)になってからの時間がわかります。古地震の研究や考古学などでもよく使われる炭素14は半減期が5730年です。より古い時代の地層にはカリウム40(半減期12・48億年)などが使われます。また近年では鉱物の一種ジルコンの年代をウランと鉛を使って調べることができるようになって、日本の地質に多くの新事実がわかるようになっています。

化石による地質区分の境界の年代が、放射年代測定によって調べられてきました。前項で見た地質年代区分の数値はこうして決められました。現在でも年代測定技術の進歩(測定精度の向上や新しい年代測定法の開発)によって、地質年代区分の数値が更新されています。

第2章

「見つかる化石」が地質を語る

10 化石とは何か…

石とは限らない

化石のことを英語でfossilと言いますが、これはラテン語の「掘る」という動詞が元になっていて、「掘り出されたもの」という意味です。

化石は体化石、生痕化石、化学化石（分子化石）の3種類に大別できます。体化石とは生物の体（あるいはその一部）がそのまま残ったり、鉱物に置き換えられたりしたものです。生物自体は溶け去って、その形や模様のみが型となって保存された印象化石もあります。生痕化石とは生物が生きていた痕跡、例えば足跡や這い跡、巣穴、糞などの化石です。化学化石とは、生物体を作っていた有機物やDNAなどが化石となったものです。その一部は石炭や石油など炭化水素として資源になることもあります。

化石の大きさも様々です。恐竜や鯨のような巨大な生物の化石から、肉眼では識別不可能で顕微鏡で調べないとわからない微生物や花粉、さらには電子顕微鏡で見て初めてわかるバクテリアの化石まで見つかっています。

日本語で化石と書くと固い石になったものを思い浮かべますが、そうとは限りません。植物の葉、動物の筋肉など軟らかい組織がそのまま保存されていることも稀にあります。シベリアで発見された氷漬けのマンモスなどが代表例です。約2万年前の氷漬けのマンモスや、スペインの洞窟で発掘された約40万年前の人骨からは、DNAを抽出して塩基配列の解読に成功した例もあります。琥珀（こはく、コハク）は天然の樹液が化石になったものです。コハクには虫などが封じ込められていることがあり、これを通称「虫入りコハク」と言います。天然樹脂で保存されて、体の細かな構造や色までもが残っていることもあります。

では、どのくらい古いモノを〝化石〟呼ぶのでしょう。これは決まっていません。自然に地層に埋もれたものであれば、数百年程度の〝若い〟ものでも化石と言うことがあります。

要点BOX
●化石は体化石、生痕化石、化学化石（分子化石）の3種類に大別でき、その古さもいろいろ

葉っぱの化石

湖に堆積した地層で、葉っぱなどの化石が含まれる。
葉理に沿って薄く板状にはがれる。

アンモナイトの化石

ヒマラヤのジュラ紀の地層に含まれるノジュールを割ったところ

11 どうして化石になったのか？

化石のできかた

生物の遺骸がすべて化石になるわけではありません。生物が化石になるまでには一般に、①生きた状態から遺骸となる過程、②運搬の過程、③遺骸の腐敗と分解の過程、④埋没と化石化の過程、という段階を経ます。

なぜその生物が遺骸となったのか、なぜその場所だったのか、なぜそのような形で保存されているのかなど、化石化のプロセスには様々なドラマがあります。例えば、博物館に行くと、体全体が保存された小魚や三葉虫の化石が岩に一面に張り付いた標本を見ることがあります。これにはまず、大量死が起こることが必要です。次に、腐食者による捕食やバクテリアによる分解が進みにくいことも条件です。そして、物理的な破壊の原因となる運搬が起きないことも必要です。さらに、このようなことが起こる前に、急速に埋没することも必要です。こうした条件がすべてそろうには、例えば赤潮による酸欠が原因かも知れませんし、海底の土砂崩れで一気に埋まったのかもしれません。

さらに化石化が進む過程では、圧密でぺしゃんこにされたり壊れたりすることもあります。また、化学的に溶解が進んで遺骸自体は無くなって印象化石になることもあります。さらに、遺骸やその一部が鉱物で置換されることもあります。硬い骨や歯でもそのまま化石になるのではなくて、より安定な鉱物に置換される形で残っています。黄鉄鉱やオパールで置換されたアンモナイトなどはみやげ物店でも見かけます。樹木の細胞組織にケイ酸を含有した地下水が浸み込んで二酸化ケイ素（シリカ：水晶やオパールと同じ成分）で置き換えてしまった珪化木もよく知られています。

こうした生きた状態から化石になるまでのプロセスを研究する分野はタフォノミー（Taphonomy）と呼ばれます。逆に、その化石がどういうプロセスを経て現在私たちの目の前にあるのかを正しく理解しないと、生息環境や生態などを読み解くことができません。

要点BOX

●化石化のプロセスには様々なドラマがあり、いろいろな条件がそろわないと化石にならない

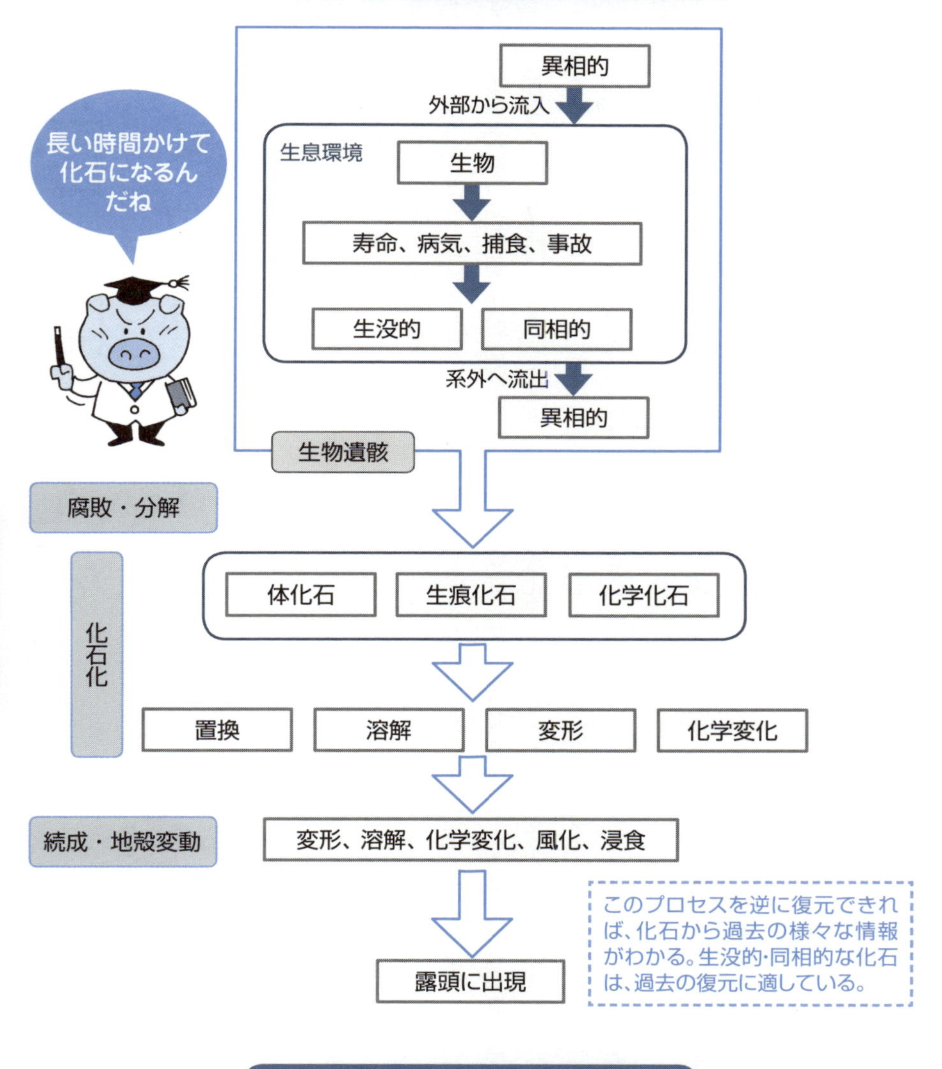

化石になるときの状況や化石の産状

生没的	生きていた場所で埋没。泥に潜ったままの二枚貝など	現地性
同相的	移動はあるが生息していた環境内で埋積	異地性
異相的	生息していた環境の外で埋積	

12 目には見えない化石もたくさんある

微化石

化石には恐竜のような大きなものだけでなく、顕微鏡を使わないと同定できない微小なものもたくさんあります。こうしたミリサイズからミクロンサイズの微小な化石を総称して微化石と呼びます（対語は大型化石）。代表的な微化石は単細胞の真核生物（有孔虫など）や微小な藻類、花粉などですが、甲殻類である貝形虫や貝類の幼生など複雑な体を持つものもいます。カンブリア紀初期に多様な大型生物が出現するまでの時代の地層に含まれる化石は、微化石が主役です。しかし、生物の体の一部ではあるけれど、それがどういう生物なのかがわからない、謎の微化石も少なくありません。

珪藻や放散虫が持つ珪酸質の殻、有孔虫や貝形虫が持つ石灰質の殻は、適度に強度があるので化石として残りやすくなります。花粉は強い細胞膜のお陰で、地層中で破壊されにくく、長く保存されます。

微化石は大型化石に比べて圧倒的に数が多く、ドーバー海峡の崖を作る白亜（チョーク）の地層は、主に植物プランクトンである円石藻からできています。一つ一つの化石の直径は5～数十μmほどですが、膨大な量が堆積して高さ数十mの崖を作っています。

この数のお陰で、破壊や溶解により大型化石が残りにくい環境でも、微化石はその一部が残存し、結果的に地層に大量に含まれています。分布範囲が広く、進化速度が速く、大量に生息していたプランクトンの化石は地層の年代を決める手がかりにもなります。また、環境に合わせて様々な生物がいるので、過去の環境復元にも役立ちます。

微化石は大型化石と違って少量のサンプルから多数の個体を得ることができるので、統計的な処理に向いていて、環境復元によく用いられます。また、試料が少なくて済むので、地層を垂直方向に細かく区分して分析することができ、環境復元などの時間分解能を上げることができます。

要点BOX

●微小な化石を総称して微化石と呼び、代表的なものは単細胞の真核生物や微小な藻類、花粉など

代表的な微化石の電子顕微鏡写真

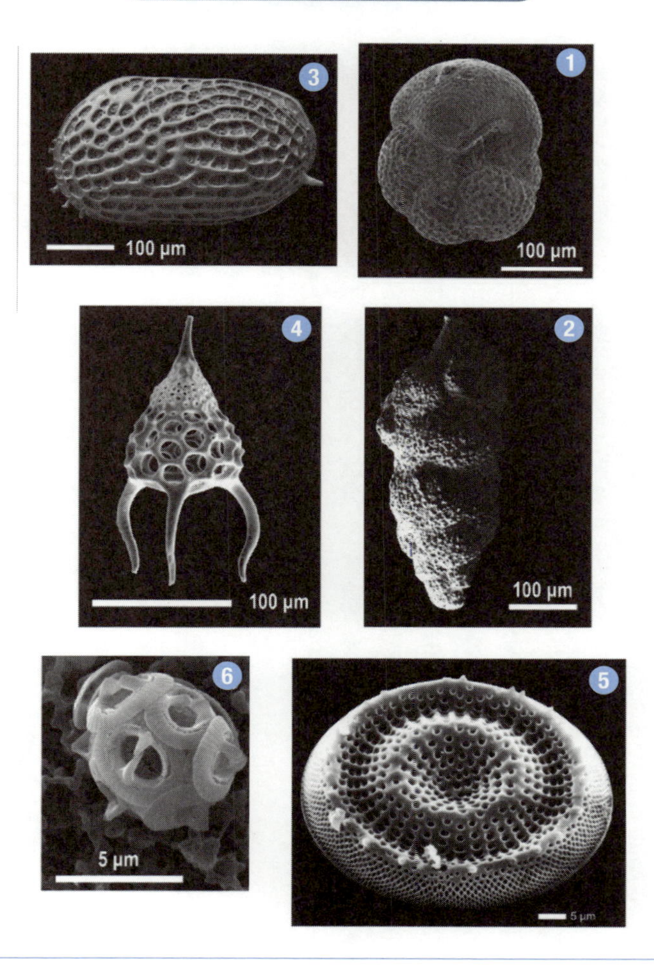

1. 浮遊性有孔虫…*Globorotalia rikuchuensis*…岩手県、中新世　提供：島根大学　林 広樹博士
2. 底生有孔虫…*Uvigerina proboscidea*…島根県、中新世　提供：島根大学　林 広樹博士
3. 貝形虫…*Bicornucythere bisanensis*…兵庫県播磨灘　提供：島根大学　入月俊明博士
4. 放散虫…*Thyrsocyrtis triacantha*…太平洋の海底試料、始新世　提供：東北大学　鈴木紀毅博士
5. 珪藻…*Actinocyclus ingens* f. *nodus*…八戸沖海底コア（国際深海掘削計画コア438A）、中新世　提供：産総研　柳沢幸夫博士
6. 円石藻…*Gephyrocapsa oceanica*…車輪のようなコッコリスが集合体（コッコリスフェア）を作っている。チョークは円石藻の化石が集まったもの。　提供：産総研　田中裕一郎博士

※放散虫化石は1980年頃に日本の地質学に革命的進歩をもたらした。

13 示準化石と示相化石ってどんなもの？

ある特定の時代にだけ存在し、地層の年代を決める手がかりになる化石を示準化石と言います。場所が離れていて岩相が異なる地層でも、示準化石が見つかれば同じ時代に堆積したと判断でき、時には国境を越えて対比できます。分布が広い種ほど広範囲の地層の対比に利用できます。また、進化の速度が速い（短時間に種が変わる）ものほど、時代を細かく区分できます。個体数が多く化石に残りやすいことも重要です。海流に乗って世界の海に広く分布するプランクトンの仲間はその好例です。中生代を中心に繁栄したアンモナイトの仲間は、進化速度が速く多数の種があるので、代表的な示準化石として使われます。

なお、地層の中の化石を「地層累重の法則」（9参照）を用いて産出順を調べ、示準化石にしていきます。

この示準化石の一つ放散虫化石（12参照）は、1980年頃に日本の地質に革命を起こしました。現在の付加体（6参照）は、1980年以前は「地向斜」の考え方で理解され、例えばジュラ紀の付加体は、古生代にできた「秩父古生層」とされていました。しかし、放散虫化石によって詳細に地層の年代が決められ、付加体だと認識され、「地向斜」の概念自体が消滅したのです。

特定の環境に生息し、地層が堆積した環境を復元するのに役立つ化石を示相化石と言います。生物は様々な環境に適応した体の作りや形をしています。化石になった生物も、体の作りなどが近い現生種と類似した環境に生きていたと考えられます。示相化石からは、気温（水温）、塩分や酸素の濃度、水深など様々なことがわかります。生息できる環境条件が限られた種ほど、示相化石として利用価値が高くなります。例えばある種のサンゴは、生息する水深や温度の範囲が非常に限られるので、化石が見つかると古環境を正確に推定できます。複数の示相化石を組み合わせることで、環境の復元精度を高めることができます。

要点BOX
- ●「地層累重の法則」と示準化石とを合わせると、地層が堆積した時間の前後関係を離れた地域間で比較できる

ビカリア

キバウミニナ科に属する絶滅した大型の巻き貝で、強い突起を巡らせた円錐形の貝殻が特徴。始新世から中新世中期の示準化石で、日本からは主に中期中新世初頭（約1600～1500万年前）の地層から見つかる。写真はヤマトビカリアという種で、岡山県北部で見つかったもの。ビカリアは示相化石としても重要で、熱帯や亜熱帯のマングローブ林を伴う汽水域（主に泥干潟の周辺）に生息していた。

この化石
ひとつからでも
いろいろなことが
わかるんだね!

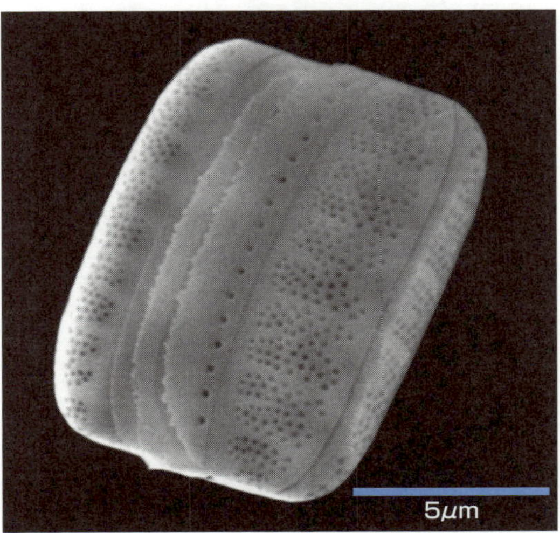

中期中新世を示す珪藻化石（示準化石）の一つ
Denticulopsis praedimorpha var. *praedimorpha*
北海道網走市、鱒浦層、約1200万年前
提供：産総研　柳沢幸夫博士

14 地質図から化石が出る場所を見つける

よく見るとわかってくる

化石は基本的に堆積岩に含まれていますが、何処にでも見つかるわけではありません。それを助けるために、地質図には凡例があります。色、模様、記号などを使って、地層の種類や時代、地質構造、化石が見つかった場所などを示しています。

地質図でどういう色や記号を使うかは日本工業規格（JIS）で決まっています。これはあくまで原則ですが、例えば岩石の種類を色分けで示すときは、礫岩は茶色系統、砂岩は黄色系統、泥岩は青又は緑系統といった具合です。桃色や赤系統の色は主に火成岩に使われます。同種の地層や岩体の場合は、古い地質時代のものは濃く、新しい地質時代のものほどうすく着色してあります。地質時代ごとに区分しようとするときは、第四紀層は水色系統、新第三紀層は黄色系統、白亜紀層は緑色系統という具合になります。地層の時代は記号でも示されています。

例えば、前節で見たビカリアを探そうと思えば、地質図で黄色系統に塗られた新第三紀層がターゲットです。岩石の種類で色分けされている場合は、青又は緑系統の色で示された泥岩部分を探すのが近道です。地層の記号は中新世（M）です。その分布域に化石の記号があれば、軟体動物化石（ML）と表記がある場所が狙い目、となります。

地質図には地層が広がっている方向（走向）と傾斜が示されていますから、既知の化石産地の情報を元に、23に示した図学を使って化石を多く含む層が現われる場所を推理することもできます。さらに、地質図で同じ時代の地層を追いかけて行くと、地層が堆積したときの地形をある程度復元することができます。沖合いなどで土砂の供給が乏しい場所では泥層が分布し、河口など土砂の供給源に近い所では、砂岩や礫岩が分布しています。内湾の奥では干潟で堆積した泥岩が分布することもあります。

要点BOX
●化石の記号と地層の記号で目的地をしぼる

日本工業規格（JIS）に決められた地質図で化石を示す記号

化石の種類	対応英語（参考）	文字記号	化石の種類	対応英語（参考）	文字記号
動物化石	animal fossil	A	石灰質ナンノ化石	calcareous nanno fossil	CN
植物化石	plant fossil	P	ぼうすい虫（紡錘虫）化石	fusulinid fossil	FS
哺乳類化石	mammalian fossil	MM	有孔虫化石	foraminiferal fossil	FR
は虫類（爬虫類）化石	reptilian fossil	RP	浮遊性有孔虫化石	planktonic foraminiferal fossil	PF
両生類化石	amphibian fossil	AP	底生有孔虫化石	benthic foraminiferal fossil	BF
魚類化石	pisces（fish） fossil	PC	放散虫化石	radiolarian fossil	RD
軟体動物化石	molluscan fossil	ML	けい藻（珪藻）化石	diatom fossil	DT
石灰藻類化石	calcareous algea	CA	けい質べん毛藻（珪質鞭毛藻）化石	silicoflagellate fossil	SF
サンゴ化石	coral fossil	CL	渦べん毛藻（渦鞭毛藻）化石	dinoflagellate fossil	DF
コノドント化石	conodont fossil	CD	花粉化石	pollen fossil	PO

15 化石を含む球状の硬い石

ノジュールの謎

砂岩や泥岩の露頭では、時々、卵のような球状のものが見られます。これは周囲の地層より硬く、露頭で出っ張っています。割ってみると中に化石が含まれていることがあります。この球状の石はノジュールあるいは団塊と言い、硬いのは炭酸塩や珪酸などが集積して自然のセメントになっているからです。

大きさや形は様々で、直径1cm以下のものから2mに達するものまであります。完全な球形のものは少なく、やや潰れた球形や球が複数つながったピーナツのような形のものもあります。ノジュールに含まれる化石はまわりの地層よりも保存が良く、アンモナイト、節足動物、魚類など複雑な体の構造やパーツを持つ化石でもノジュールから見つかるものは破損や溶解が少なく非常に綺麗です。動物だけでなく植物の化石が含まれていることもあります。

セメントの部分が薄いと、ノジュール自体が中に入っている化石の形をしていることもあります。そうしたものは掘り出した時から、例えばこれはアンモナイトが入っているとかがわかります（10参照）。

ノジュールがどのようにしてできるのか、特に、なぜ球形なのか、なぜ地層のある点に炭酸カルシウムなどが集積して綺麗な化石が含まれるのか、詳しいことはわかっていませんでした。また、ノジュールができるには、地質学的な長い時間がかかるだろうと思われていましたが、ハッキリとはわかっていませんでした。

しかし、最近の研究で、生物の遺骸から滲み出た脂肪酸という成分と海水中のカルシウムイオンが反応することで球形のノジュールができることや、それが数週間〜数ヶ月以内という予想外の速さでできることがわかりました。化石が入っていないノジュールについては、先ほどのノジュールの謎を解いた研究者は、例えば、クラゲとか体が溶けてなくなるような生物が核になったのではないかと考えているようです。

要点BOX
●ノジュールから見つかる化石は、破損や溶解が少なく非常に綺麗。動物だけでなく植物の化石が含まれていることもあり、まるでタイムカプセル

ノジュール

新第三紀中新世中期のカニの化石を含むノジュール。半割にしたところ。関節がつながって、手足を折り曲げたままの形で保存されている。

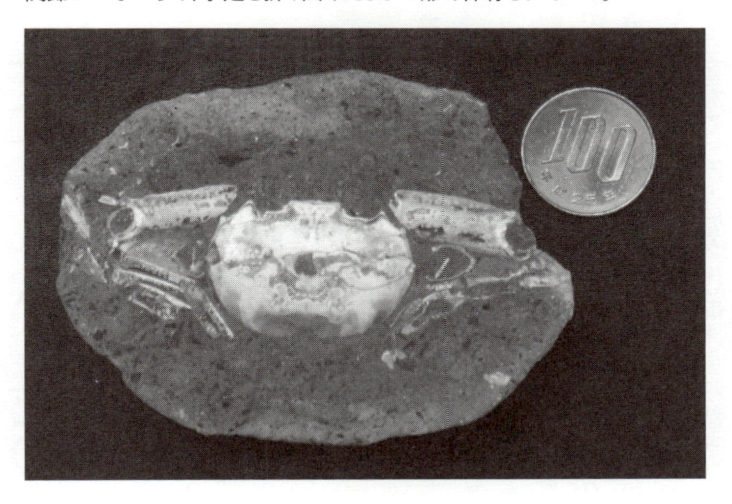

キノコ岩

砂岩が侵食され、硬いノジュールが残ってキノコ状の奇岩となった。右端のものはQueen’s Headと呼ばれている。台湾北部の野柳ジオパーク。

16 クジラより大きな巨大サメが残っている

天狗の爪とは?

露頭で化石を探していると、時々ぴかっと光るとがった小さな三角形の化石が見つかることがあります。これはサメの歯です。サメは全身の骨格が軟骨でできている(軟骨魚類と言います)ため、骨格は化石には残りにくいのですが、頑丈なエナメル質でコーティングされた歯は、しばしば化石として発見されます。

サメの歯は何列にも並んでいて、使用中の歯列の後ろには新しい歯列が用意されています。獲物を噛むなどして歯が欠けると、新しい歯が後ろからエスカレーターのように押し出されてきて交換されます。サメの歯の形はエサの種類やその取り方によって様々です。泳ぐ魚や哺乳類を食べる種では、餌を突き刺す釘のような細長い歯や、餌をかみ切るナイフのような鋭い歯を持っています。映画〝ジョーズ〟で有名になったホホジロザメの歯は二等辺三角形で、三角形の二辺にはノコギリのようなギザギザがあります。一方、貝や甲殻類を殻ごと砕いて食べる種は、タイルのような平たい歯が並んでいます。大きさは数㎜程度のことが多いので、化石になると地層を構成する礫と間違えそうになります。

サメの化石はバラバラになった歯だけが見つかることが大半なので、体の大きさの復元は近縁種との比較から推定するしかありません。特に巨大だったと考えられるのは、新第三紀中新世から鮮新世にかけて生息したムカシオオホホジロザメ(*Carcharocles megalodon*)です。二等辺三角形の大きな歯の化石が日本でも時々見つかり、古くは「天狗の爪」などと呼ばれ、寺社の宝物とされた例もあります。埼玉県では約1000万年前の地層から1個体に属する70本余りの歯が見つかり、口の中での位置による歯の形や大きさの違いのほか、サメの体長が推定されました。一番大きな歯は高さが10㎝以上もあり、このサメの全長は約12mと推定されています。復元されたアゴの中には大人が立って入ることができるほどです。

要点BOX

●サメの化石はバラバラになった歯だけが見つかることが大半なので、体の大きさの復元は近縁種との比較から推定するしかない

ムカシオオホオジロザメの歯の化石

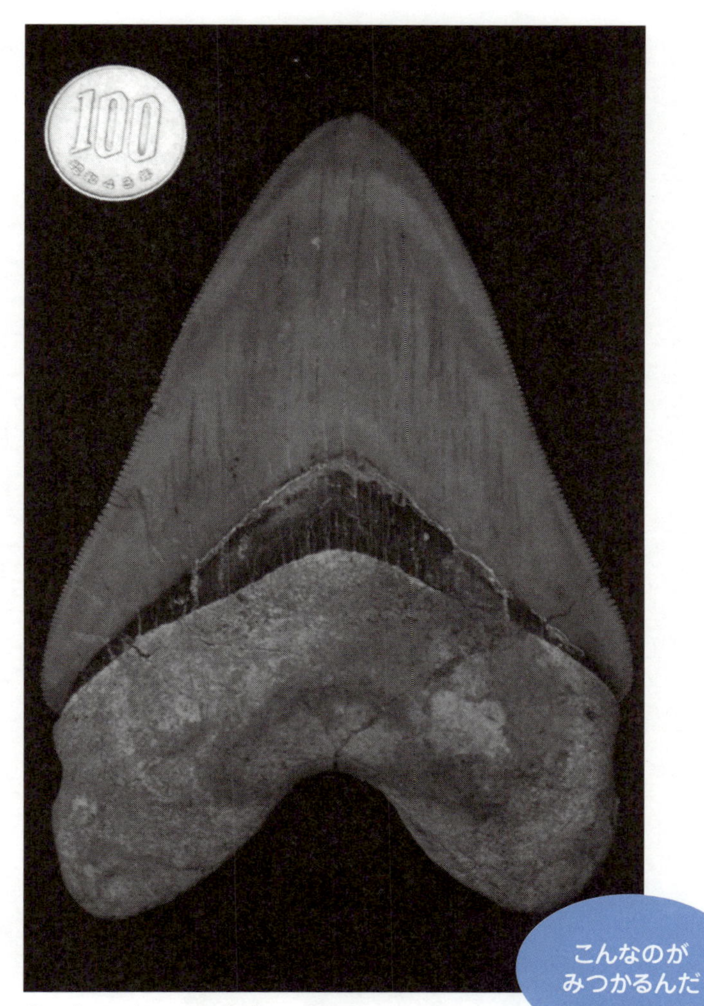

Carcharocles megalodon
宮城県の約1100万年前の地層から産出。エナメル質の部分は周りにギザギザ（鋸歯）がある。この歯の主のサメは、体長が10m以上あったと推定される。

こんなのが
みつかるんだ

17 石炭、石油、天然ガスは化石と地球が創った

燃料資源になる化石

「化石燃料」と言われるように、燃料資源の多くは生物の化石に由来します。これは地中に埋もれた動植物の遺骸などが、長い年月にわたって温度や圧力を受けるなどして変成されたものです。化石燃料の主なものは、石炭、石油、天然ガスです。近年注目されているメタンハイドレートも化石燃料の一つです。

油田やガス田ができるには、まず、有機物を多く含む地層(根源岩)が厚く堆積し、数千m以上も地下深く埋もれる必要があります。砂岩層など多孔質な地層(貯留岩)があると、生成した石油やガスが移動して集まります。石油は水より軽いので、地層が馬の背のように盛り上がった背斜構造などがあるところ(トラップ)に集まります。さらに集まった石油やガスが逃げないように、機密性の高い地層(帽岩)の存在が不可欠です。天然ガスの多くは石油と同じようなプロセスで形成されますが、石油より深い深度で生成します。

石油は先カンブリア紀以降の地層から産出しますが、世界の石油埋蔵量の多くは中生代の地層に集中しています。日本の石油は、ほとんどが新潟から秋田までの日本海の海岸沿いと北海道中央部に分布する新第三紀の地層から産出します。

石炭は、地層に埋没した植物の遺体が微生物によって分解されてできる泥炭が元になります。これが地下深部に埋もれて脱水、脱メタンなどが進んで石炭となります。石炭化度が低く水分や不純物の多いものは褐炭または亜炭と呼ばれます。

日本では北海道、福島・茨城県にまたがる常磐地域、九州北部などたくさんの炭鉱が稼行していました。その多くは古第三紀の地層からの産出です。

亜炭も第二次大戦中・戦後の燃料事情が悪い時期には大都市周辺などでたくさん採掘されました。亜炭を含む地層は柔らかく、残された坑道が崩れて地面が陥没するなどの災害にもつながっています。

要点BOX

●燃料資源の多くは生物の化石に由来し、それが長い年月にわたって地圧や地熱を受けるなどして変成されたもの

石油や天然ガスができるまで

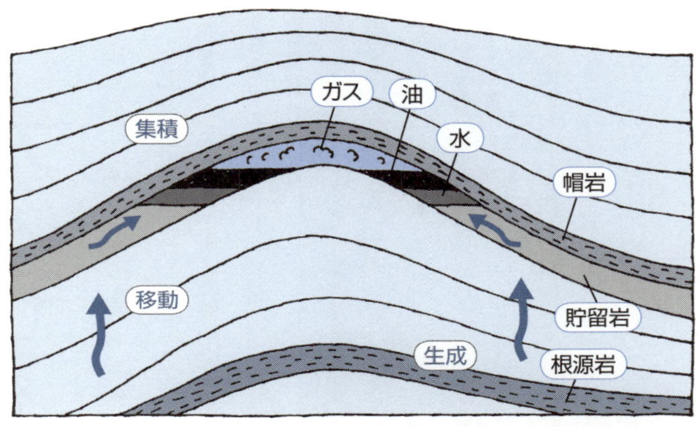

出典：「石油天然ガス・金属鉱物資源機構」の資料を参考に作成

石炭ができるまで

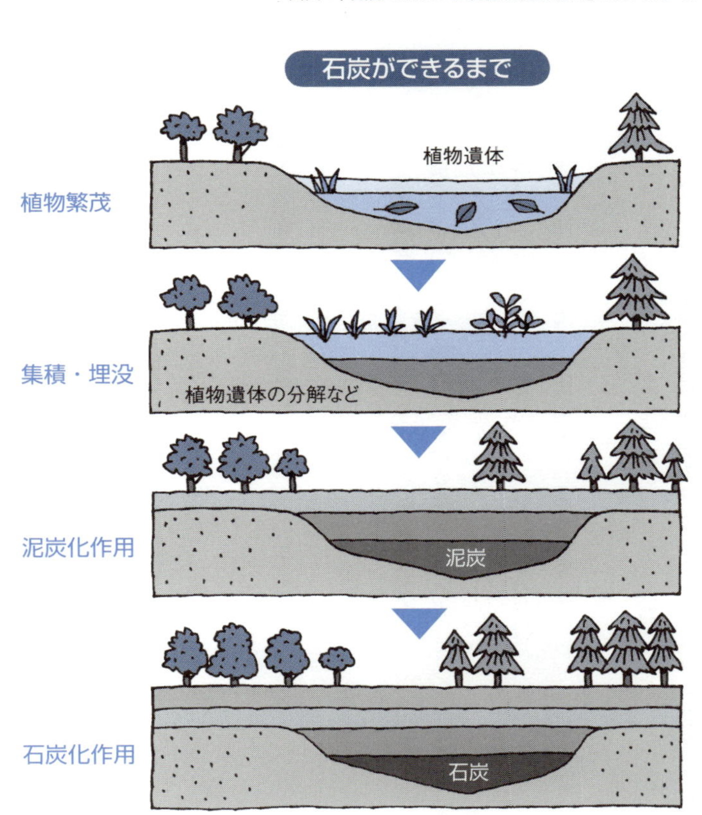

18 絶滅した哺乳類デスモスチルス

歯の特徴が名前に

デスモスチルスは絶滅した哺乳類で、日本からカリフォルニアにかけての北太平洋沿岸からのみ化石が発見されています。デスモスチルスの仲間の化石は主に新第三紀中新世前期〜中期の地層から見つかり、大きなものは体長3mほどに達しました。

白歯がとても変わっていて、直径1〜2㎝の小さな海苔巻きのような「柱」を6〜7本束ねた塊が1本の歯になっています。

デスモスチルスと言う名称は、ギリシア語で「束ねる」(desmos)と、「柱」(styl)を合わせた造語で、日本語では束柱類(そくちゅうるい)と言います。束柱類のひとつに、パレオパラドキシアと言う属がありますが、その名前は「古代の(パレオ)不思議なもの(パラドックス)という意味です。

束柱類の化石は日本と縁が深く、日本を代表する哺乳類化石です。束柱類の世界最初の頭骨は明治時代に岐阜県瑞浪市で見つかり、その後、世界最初のデスモスチルスの全身骨格が日本領であった南サハリンで見つかりました。世界最初のパレオパラドキシアの全身骨格も、1950年に岐阜県で見つかりました。全身骨格は日本以外では、カリフォルニアの一例を除いて見つかっていません。

束柱類の起源はよくわかっておらず、1200万年前頃に絶滅していて、子孫が何にあたるかも不明です。浅い海の地層から見つかることが多いので、海岸付近に住んでいたようですが、どういう生活をしていたかは謎です。特徴的な歯で一体何をどうやって食べていたのかも不明です。

つくば市にある産総研地質標本館には、北海道枝幸郡歌登町(現 枝幸町)で地質調査をしていた旧地質調査所の職員が発見したデスモスチルスの全身骨格化石が保管されています。X線CTスキャンデータから3Dプリンタで造形した頭骨や脳の模型も一緒に展示されています。

要点BOX

●デスモスチルスとは、北太平洋沿岸だけに生息、絶滅した謎の大型哺乳類で日本を代表する哺乳類化石

地質標本館所蔵のデスモスチルス

Desmostylus hesperus の全身骨格標本(レプリカ：GSJ F15156-1)。北海道歌登町(現枝幸町)の貝化石を含む約1400万年前の砂岩層から1977年に発見された歌登第1標本(GSJ F07743)から復元したもの。写真右下のケースにあるのは臼歯の化石。

歌登第1標本の下顎

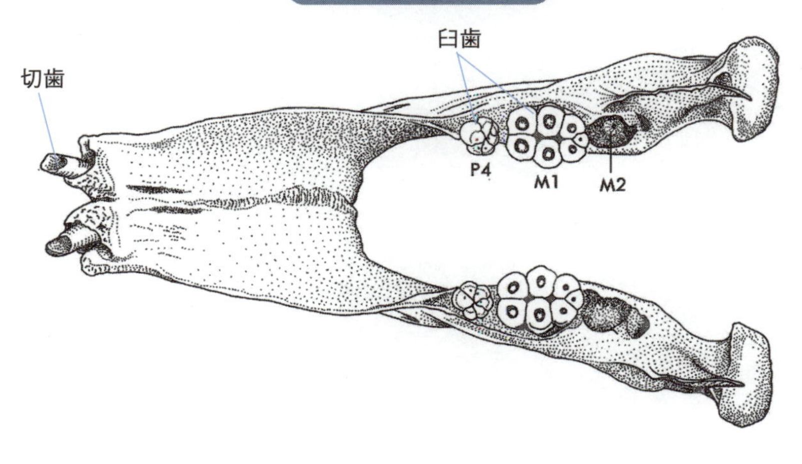

出典：犬塚(1981)地質調査所月報,39,139-190.第10図より引用。

Column

地名や人の名前が付いた化石がある

生物に学名をつけるには、スウェーデンの博物学者カール・フォン・リンネの提唱した、属名と種名を組み合わせた二名法が使われ、動物、植物、細菌など、それぞれに国際命名規約が定められています。これは化石となった動物や植物、生痕化石にも適用されます。

新種を提唱するときには、「これがその基準です」と言う標本をタイプ標本（模式標本）として決めて、研究機関などで管理します。一番の基準はホロタイプ（完模式標本）です。同時に、そのタイプ標本が採取された場所をタイプ産地として決めます。これは、ほかの人が後で研究や検証をできるようにするためです。

学名の一部には、その化石が見つかった場所の地名や、発見者の名前、あるいは関連分野で顕著な貢献があった人の名前が付けられることがあります。学名に使われる地名は、異常巻アンモナイトの一つである*Nipponites*のような"大きな"ものから、トウキョウホタテガイ（*Mizuhopecten tokyoensis*）のような地域名、さらに村や沢の名前のような極ローカルなものまで色々です。

*Mizuhopecten*は日本の美称「瑞穂国」に因む名前です。学名に使われる地名は、その種の模式地を指していることが普通です。

江戸時代や明治時代に日本に来たり、日本から外国へ持ち出された生物や化石を研究した外国人がつけた種名には、昔の地名が使われているものがあります。例えば*Moerella jedoensis*（モモノハナ）は江戸、とか*Mizuhopecten yessoensis*（ホタテガイ）は蝦夷（北海道）に因みます。旧地名は日本人がつけた種名にも使われています。

ローカルな地名が付いているものを見ると、専門家は「あぁ、あそこの谷のことだな、と言うことは△△の時代の化石で、●●層から見つかったんだろう」、と推定することもできます。

地名以外に学名は、その化石の形や生きていた時の特徴などが分かるような名称にするのが普通です。例えば、そのグループとしては大型な種だとgigas（巨大な）とか、非常に優美な形をしていればmirabiris（奇跡的な）といったラテン語の形容詞を使います。

第3章

地質がわかる 地質図の秘密

19 地質図ってどんな地図

地形図との違い

地質図とは、「表土の下にどのような種類の石や地層がどのように分布しているか」を示した地図です。地上には動植物や建造物が存在し、雲が流れ、表土（土壌）に覆われていますが、地質図ではこれらは通常無視されます。その土地の基盤となる石や地層とその構造を描いたのが地質図です。

初めて地質図を目にすると、そのカラフルさに驚くことでしょう。地質はその土地によって結構違います。その多様な地質を区別するために、地質図では色や模様を使って表現しているのです。分類の基準は、一般には

①石や地層の種類

②それができた年代

です。このようにして分類された地質の一覧を「凡例」といいます。

地質図からは、その土地の性質や履歴を知ることができます。例えば、一見すると同じように見える平野でも、かつて川が流れた跡や湿地では泥が多く、一方で自然堤防などには砂が多い特徴があります。地質の違いは地盤の強度の違いとして現れますので、建設工事の前にはその土地の地質をよく理解しておく必要があります。こんな時に役に立つのが地質図です。

また、火山の地質図では、いつ頃に噴火があり、どのくらい遠くまでそのときの噴出物が残っているのかを知ることができます。

ただし、ある土地に行ったとしても、必ず見える地形と違って、地質は見えるとは限りません。日本のように植生の繁茂した地域では、むしろ見えないことが普通です。このため、断片的に見える情報から、見えないところを解釈し、補って描いたのが地質図です。

地形図は空中写真や衛星写真を使って広範囲を描くことができますが、地質図は最終的には現地調査が必要です。一枚の地質図ができるまでには、それだけ多くの時間と労力がかかるのです。

要点BOX
●地質図とは、その土地の基盤となる石や地層とその構造を描いたのもの

地質図とは

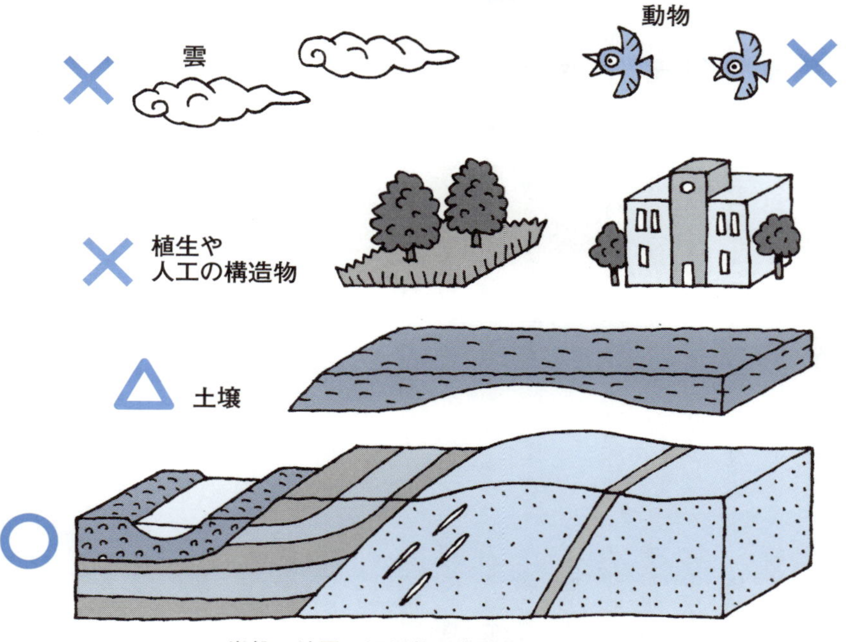

岩盤・地層・河川敷の堆積物とその構造

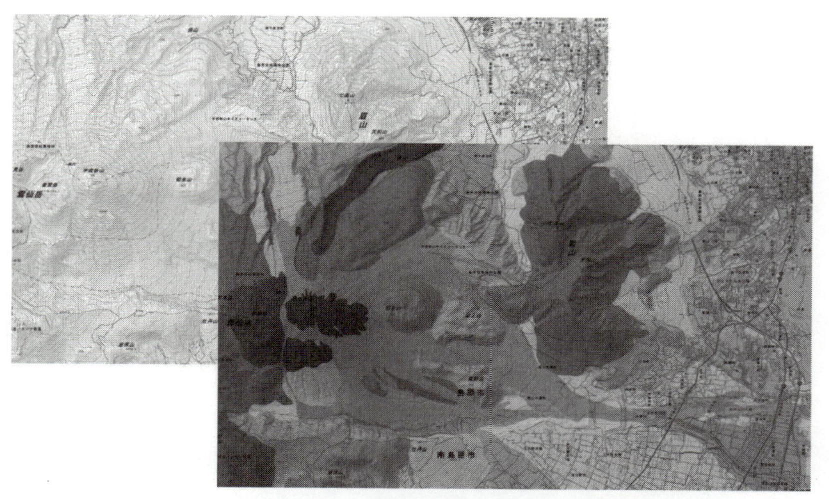

雲仙火山の地形図と地質図。地質図からは噴出物の到達範囲がわかる。

出典：地理院タイル（標準地図）と産総研「雲仙火山地質図WMS」を利用して作成

20 地質図は時間を含んだ四次元情報を扱う

いろいろな工夫

地質は水平方向の広がりだけでなく厚さ（深さ、高さ）を持っていますので、3次元空間の情報を持っています。さらに、地質にはそれが何時出来たかという時間の情報がありますから、全部で4次元の情報を含みます。通常の地質図ではこれを2次元の図面に表現するため、様々な工夫が凝らされています。

地層の3次元的な形状を表現するためには、地下断面を示す地質断面図や、透視図や鳥瞰図のように地質を立体的に見せる三次元地質モデルを使うこともあります（21参照）。

地層や岩体が出来た時代を示すのには、地質図では記号、数字、色の凡例が使われます（19参照）。この地質の年代を決めるのには、主に化石の同定と鉱物・岩石の分析が行われます（13、30ページのコラムを参照）。直接に年代が判らない地層や岩体については、年代がわかっている地質や岩体との上下関係を考慮して「地層累重の法則（9参照）」によって時代を推定することもあります。研究が進むと年代に関する情報が見直されることもあるので、検証ができるように、詳しい地質図では年代決定に使われた化石の産地や年代測定試料の採取地が示してあります。

地質の年代を詳しく調べて、その土地がどのような履歴を経て現在の状況になったのかを正確に把握できれば、将来を予測することも可能になります。過去を知ることは、これから起きることを予測し、地球と上手く付き合っていく最上の方法です。例えば、盆地の片側がいつの時代も堆積物が厚い場合、地盤の傾動と沈降が継続していることを意味します。また、その傾向が現在まで変わらないのであれば、将来も同じ状況が継続する可能性は高いと言えます。

地震や火山の防災の研究では、断層活動や火山噴火の過去の繰り返しを詳しく調べ、発生間隔の規則性と最後の発生が何時かを調べます。そうすることで、次の活動を推定します。

要点BOX

●過去の履歴を調べることは、将来を予測する最上の方法

地質図は四次元情報

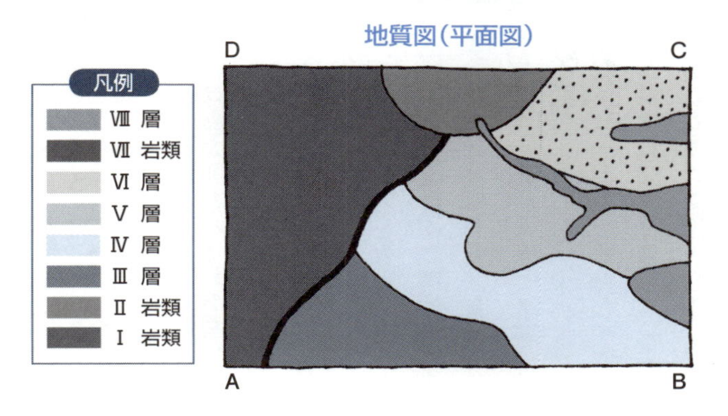

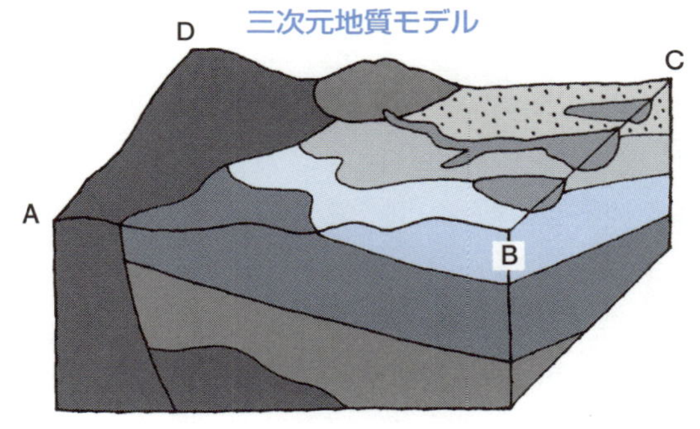

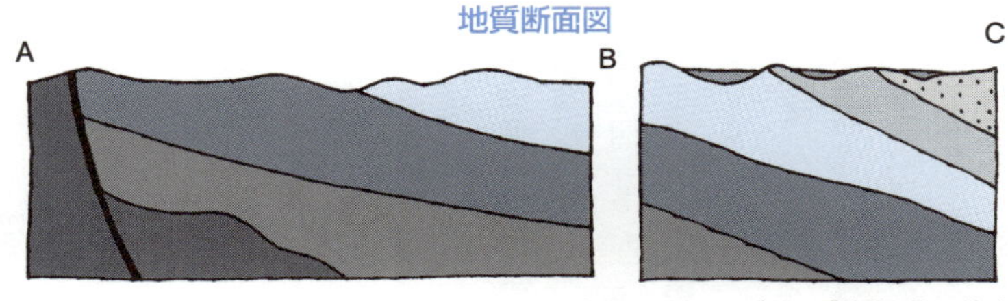

出典：GSJのウェブページ「地質を学ぶ、地球を知る」を参照

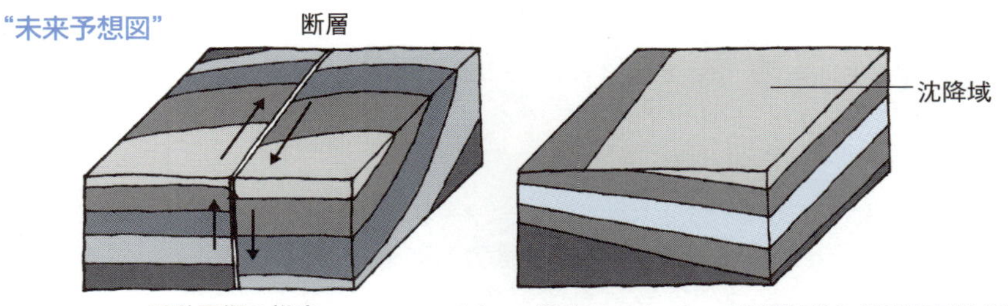

活動周期の推定

出典：いずれもGSJのウェブページ「地質を学ぶ、地球を知る」を参照

21 地質図は地下まで見える

断面図が示すもの

地質図には断面図と呼ばれる図が付属していることがあります。断面を取った位置が直線または折れ線が記されていて、その線の地下で地質がどうなっているかを示しています。

直接目で見ることができない地下を断面図で「見えるようにする」には様々な情報や方法を使います。地層や岩体が地表に現われている部分の情報を元にその延長部分を「図学」によって推定したり（22参照）、ボーリング調査で採取した地下の地層や岩体の試料を分析したりもします。ボーリング調査は大規模な工事や、温泉や石油・ガス資源の探査・採掘ために掘削されることもあるので、それも参考にします。断面図には参考にしたボーリングの位置が示されていることもあります。

様々な探査方法で得られた地下の情報も地質断面図の作成に使われます（60参照）。地球を人体にたとえると、ボーリング調査は体の細胞を小さく切り取るようなものですが、音波を使った探査はCTスキャンによる断層撮影のようなもので、より連続したたくさんの情報が得られます。

堆積物による被覆、人工的な改変などのために地表ではわからない情報を地質断面図から得ることができます。例えば、地下資源の分布（第5章参照）、地盤の強さ（第45参照）、液状化が起こりやすい場所（33参照）、活断層の位置（27参照）などがその例です。

例えば、地表は一見平らでも、地層の一部分が不自然に急傾斜している場合（とう曲）、その地下に活断層や過去の谷が隠れていることがあります。このような谷の堆積物は、固結度が低く含水率が高いため、安定した地盤に比べると、地震のときの揺れが大きくなります。また、平野を作る柔らかい地層と山地を作る硬い岩盤が接する周辺では、地震波の反射によって揺れが増幅されることもあります。関東大震災や阪神淡路大震災の被害集中地域が、その代表例です。

要点BOX

●地下の構造が単純であれば、その土地は比較的安定していたと考えられるが、構造が複雑なときは、何らかの変動を受けたことを意味する

地質図は地下まで見える

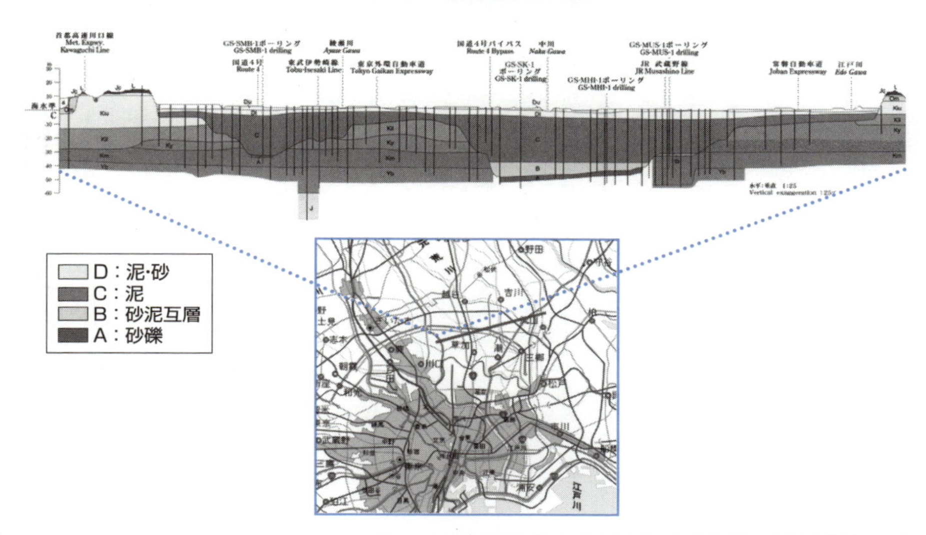

出典：1/5万地質図幅「野田」の断面図。古い谷を新しい地層が埋積している

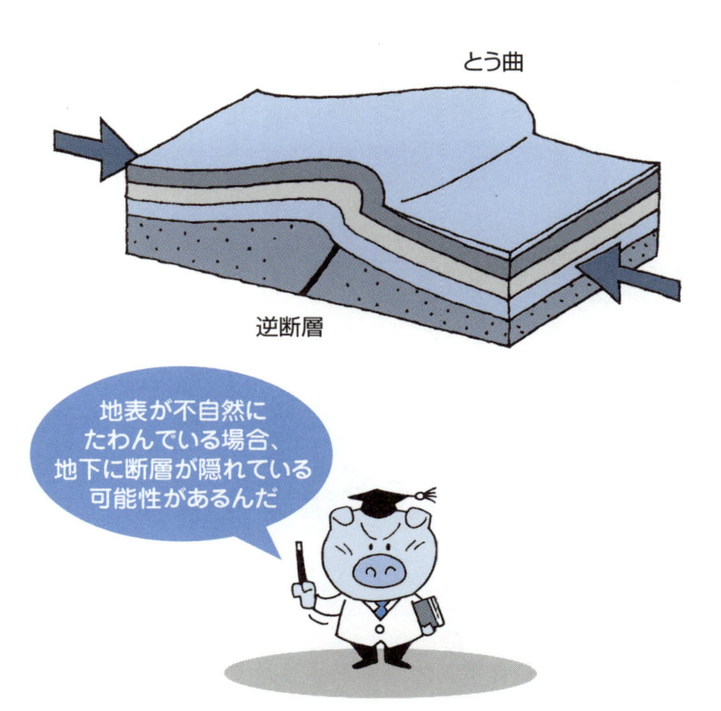

22 地質図を読んでみよう

地層が何層にも積み重なっている場合、下にある地層の方が上にある地層より古いのが普通です（9参照）。有名なグランドキャニオンのように、ほぼ水平に広がる地層を河川が深く刻むと、同じ地層が崖の同じ高さに連続して分布します（図上段）。これを地質図に表現すると、谷の等高線に沿って同じ地層が連続することになります。そして、谷底には古い地層が、標高が高くなるほど新しい地層が分布します。

一方、傾斜した地層では（図下段左）、場合によっては斜面と地層の傾斜がほぼ一致することがあり得ます（走向斜面といいます）。一致しないまでも、斜面と地層が同じ方向に傾斜していれば、同じ地層が広い範囲で露出することになります。反対に、斜面と地層の傾斜が逆方向のときは、重なりあった何枚もの地層が現れることになります。これを地質図に表現すると、尾根を挟んで地層の分布の幅が大きく異なる図面になります。

地形図にいろいろな地図記号が使われるように、地質図にも専用の記号があります。例えば、地層が褶曲しているとき、平面の地質図にすると、どの地層がどちらに傾いているのかわかりにくいことがあります。こんなときには、地層の断面が山になった部分、谷になった部分を示してやれば、状況がすぐに分かるようになります（図下段右）。このような地質記号は、100年近くも前からほぼ同じような記号が使われていますが、現在ではJIS（日本工業規格）によって決められています。

技術の進歩により、最近では地質図も立体的に表示することが簡単にできるようになりました。近い将来には、建築現場等を中心に三次元地質モデルが使われるようになる見込みです。そうすると断面図を含む立体的な地質の再現が可能になり、空間的な理解が容易になることが期待されます。まさに現実の地球の縮小表現になるわけですね。

要点BOX
- ●地質図が読めれば地下が推定できる
- ●地形図にいろいろな地図記号が使われるように、地質図にも専用の記号がある

簡単な地質図学

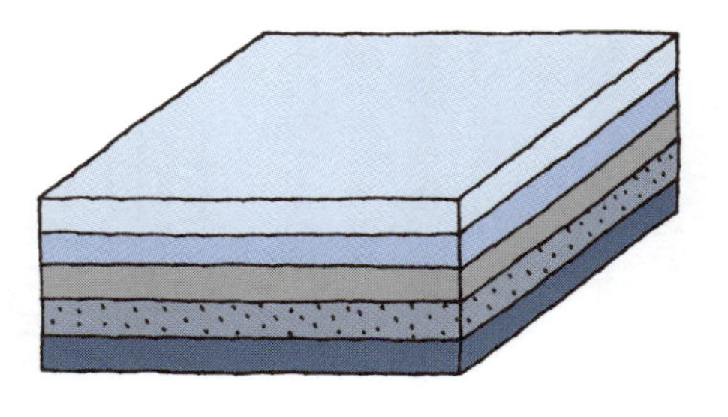

水平な地層の分布地域が浸食されると、谷に沿って地層の模様が現れる。平面図に表現すると、等高線に沿って地層が分布する地質図になる。

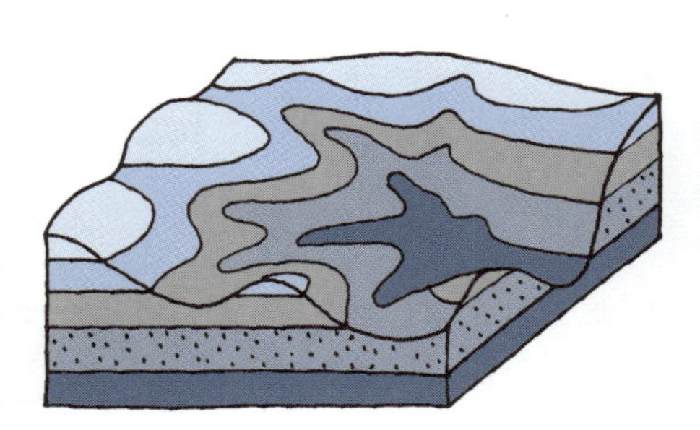

出典：いずれもGSJのウェブページ「地質を学ぶ、地球を知る」を参照

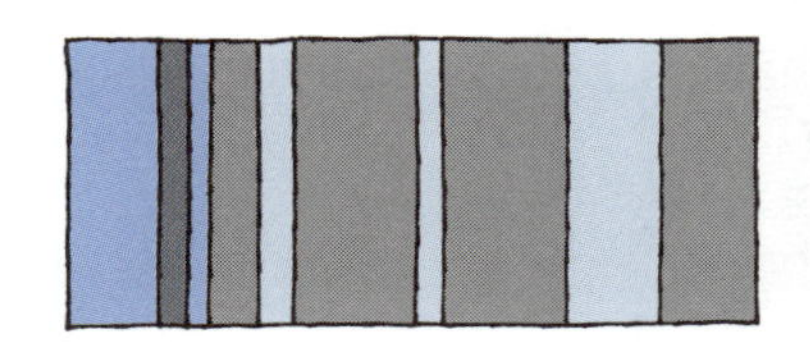

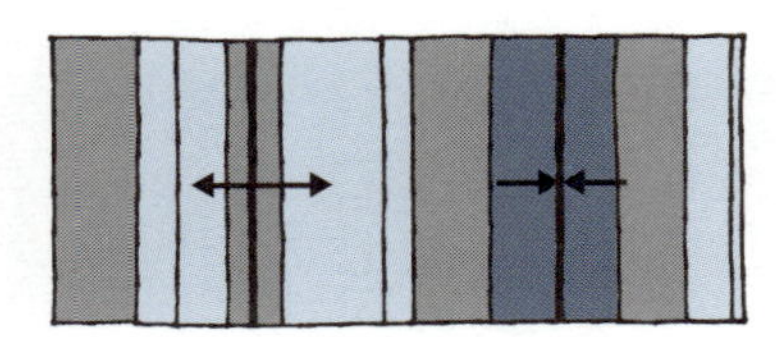

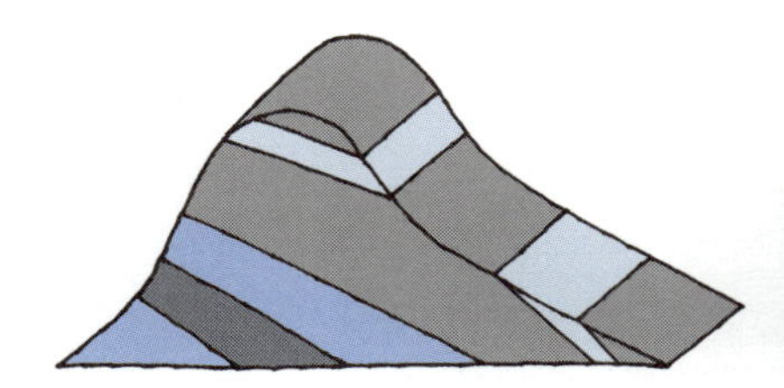

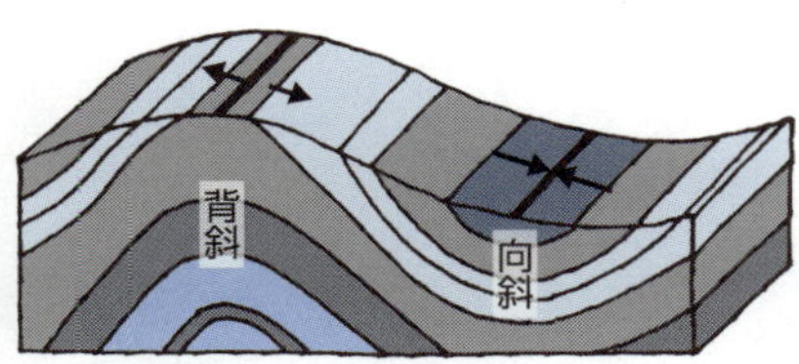

出典：GSJのウェブページの図をもとに平面図を追加

23 重要な野外での地質調査

地質図を作製するためには、野外調査が基本です。野外で地層や岩石の現れている場所を「露頭」といいます。野外調査では、まず露頭を探し、そこに現れている地層や岩石を詳しく記録します。そして、場合によっては分析用のサンプルを採ったり、磁気などの物理量を測定したりします。

露頭によっては、過去にどのような環境だったか、どんな歴史を経てきたかなど、いろいろな情報がわかることがあります。また、同じように見える露頭でも、実は異なる成り立ちでできている場合もあります。調査者には、その場でこれらを見抜く鋭い観察力が求められます。

野外の状況は千差万別で、いつも条件が良いとは限りません。笑い話ですが、泥岩ばかり分布するはずの河原で砂に埋もれた礫岩の露頭を見つけ、これは珍しいと掘り出していたら、実はセメントで固めた護岸の一部だったという失敗例もあります。

とは言え、良い露頭はいろいろな情報を与えてくれます。写真にはそのような例を示しました。上の写真は、砂岩と泥岩が交互に重なった地層がゆるく左に傾斜しています。ところが、その一部は地層が切れ切れになって、構造が著しく乱れています。これは、海底の斜面で発生した地すべりにより、堆積間もない地層がバラバラになりながら流れ下ってきた跡と考えられています。

下の写真では、凝灰岩の地層に大きな流紋岩の岩塊が含まれています。しかも岩塊のところだけ地層が大きく凹み、岩塊もバラバラになりかかった不規則な形状をしています。どうやらこの岩塊は右上側から飛んできた火山弾で、着地した際の衝撃で地層が凹み、岩塊も砕けてしまったと考えられます。この露頭の場所は大阪と奈良の府県境ですので、現在は全く火山とは縁のない場所ですが、過去にはこのような激しい噴火が起きていたのです。

要点BOX

●地質図作りに必要な野外調査は、露頭を探し、そこに現れている地層や岩石を詳しく記録、場合によっては分析用のサンプルを採ったりする

実際に見られる露頭の例

地層の一部が切れ切れの状態で堆積している珍しい例。海底地すべりの跡と考えられる。

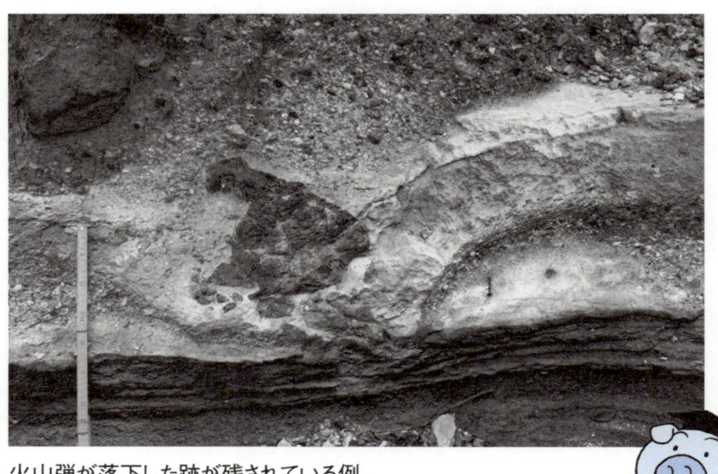

火山弾が落下した跡が残されている例。
衝撃で、地面が大きく凹んでいる。

出典：GSJのウェブページ「地質を学ぶ、地球を知る」より

24 世界の中でも特別複雑な日本の地質

大陸の縁にあった!?

日本の地質は諸外国に比べると複雑だとよく言われます。それでも、長年にわたって日本列島の地質が調べられてきた結果、日本は過去から現在まで、ほぼ大陸の縁に存在し続けていたことがわかっています。このことは、海洋プレートと大陸プレートの境界部にあり、その影響を受け続けてきたことを意味します。

海洋プレートの沈み込みが影響する地質現象は、大きく2つあります。ひとつは付加体（6参照）の形成であり、もうひとつはマグマの発生です。どちらも、新たに地層や岩石が追加される現象です。つまり、日本列島は長年にわたって付加体が積み重なり、火成岩がちりばめられた構造をしているので、全体として複雑な地質になっているのです。

海洋プレートの沈み込む場所（海溝）では、付加体を形成します。日本列島の地質を地質図で見てみると、細長く伸びた陸地の方向に、同じ地質が連続しているのがわかります。これらの多くは付加体と呼ばれる地質です。これらの付加体の年代は下にある方が大局的には新しく、地表ではおおむね太平洋側ほど新しくなっています（6参照）。

また、海洋プレートの沈み込みはマグマを発生させます（30参照）。様々な時代に生成したマグマは、それぞれの時代の火成岩を残しています。最も新しい火山岩は、現在活動中の活火山で生産されている最中ですし、その地下には冷えつつあるマグマだまりが深成岩を作りつつあるわけです。古い時代の地層が分布する地域には、かつてマグマだまりだったはずの深成岩（主に花崗岩）が大量に現れています。これは、長い年月にわたる土地の隆起によって、本来はその上にあったはずの火山が浸食・削剥によって失われたことを意味しています。そのときに削られた土砂は川によって海に運ばれ、海溝で付加体の材料の一部となっています。日本の地質には昔から巨大なリサイクル・リユースのしくみができあがっていたわけです。

要点BOX
●日本列島は長年にわたって付加体が積み重なり、火成岩がちりばめられた構造をしているので、全体として複雑な地質になっている

日本の地質の成り立ち

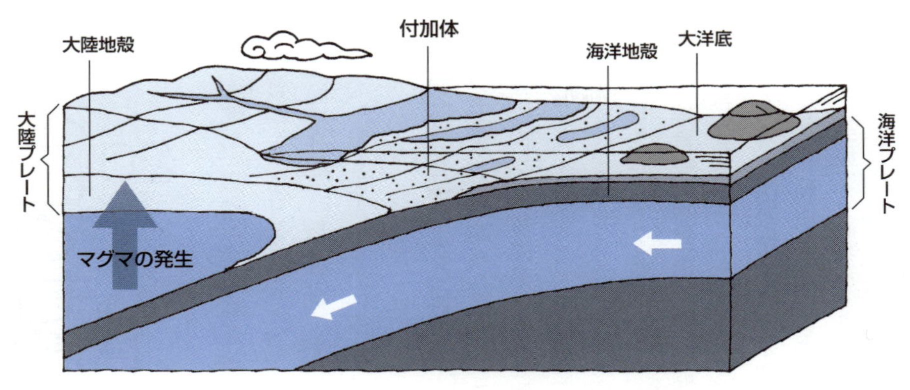

出典：GSJのウェブページ「地質を学ぶ、地球を知る」の図を改変

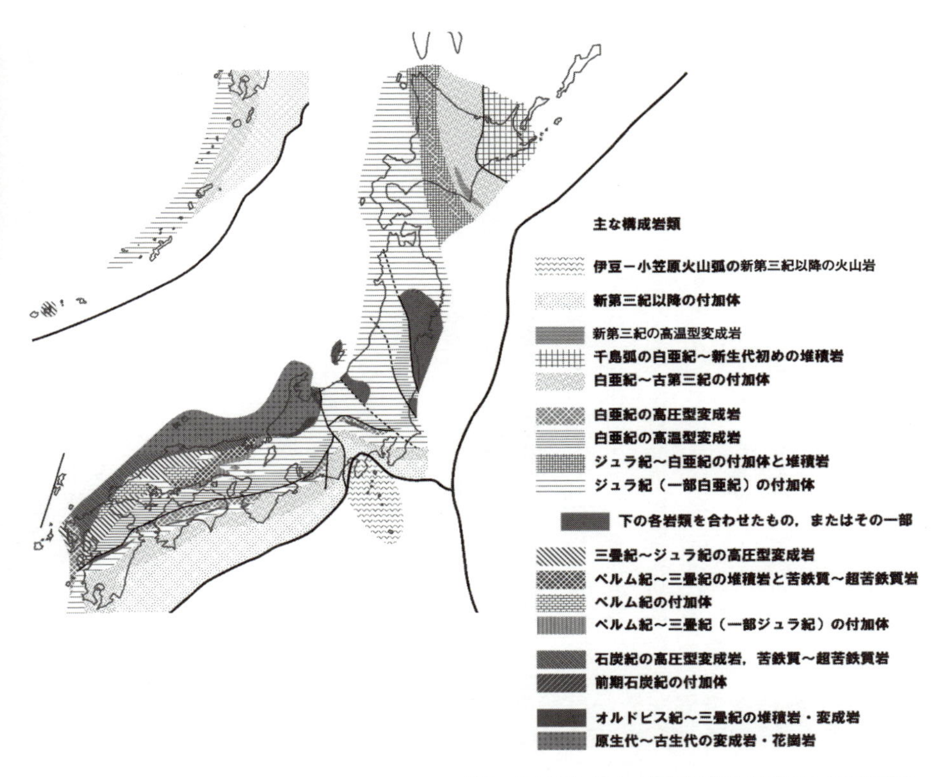

出典：GSJのウェブページ「地質を学ぶ、地球を知る」の図を改変

25 どこでも地質図 ―20万分の1日本シームレス地質図

ユーザーが急増

日本全国の地質を一律の区分（凡例）で表す最も大縮尺の紙の地質図には1992年発行の「100万分の1日本地質図第3版」があります。それより大縮尺だと地域毎の地質を表現するのに適した区分が使われます。しかしデジタル技術の進展によって2005年12月に全国一律の凡例による20万分の1日本シームレス地質図（全国版）が公開されました。この地質図は100万分の1日本地質図第3版の凡例を基にした凡例が194の基本版と386の詳細版があります。その後、元になった20万分の1地質図幅の改訂による修正、画像タイルによる高速配信、活断層や活火山の表示、地質の選択表示機能の追加等バージョンアップを続け、2016年にトップページのアクセスが100万件を超え、地質図タイル要求数1億5000万～2億件／年と、利用が急速に拡大しています。パソコンで全国どこの地質でも表示できる、スマートフォンなら現在地の地質を示してくれるなどの利便性から、地質図へのハードルが格段に下がったと思われます。またタイル配信サービスでは、地質図に重ねられるデータをもつユーザーがWebサイト上でデータと最新の地質図と重ねることができることもユーザーが増えた理由でしょう。

2017年には、1992年以降の地質学の知見を盛り込んだ新凡例によって完全再編集した「20万分の1日本シームレス地質図V2」が公開され、地質図Naviの基図にもなりました。この新凡例は、岩石の種類と産状による区分、時代による区分を組み合わせて2400超もあります。より簡便に使うために用途に応じて凡例を簡素化して地質図の表示ができる機能を想定した区分体系を持っています。

今後は、これまで旧版で行ってきた利便性の高い機能をV2に実装するとともに、構造化された凡例を活かした各種アプリケーションソフトの開発と提供に取り組む予定です。

要点BOX

- ●日本全国を統一区分で示す日本シームレス地質図は、様々なデジタル地図コンテンツのベースマップで、最新の地質学を反映している

20万分の1日本シームレス地質図V2

（2017年5月10日公開）

パソコンで表示

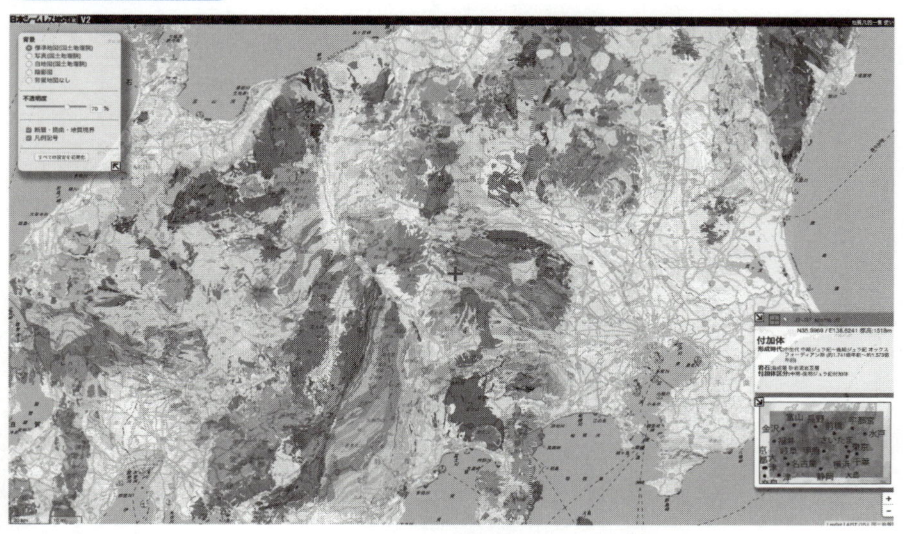

この25年間の知識を基に凡例を全面改正し、それに基づいて完全再編

タブレットで表示

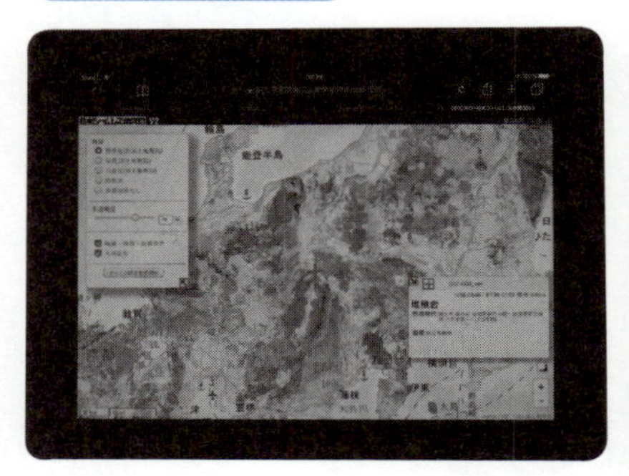

GPSが入っていれば現在位置も表示できる。スマートフォンより画面が広く便利。

スマートフォンで表示

GPSで現在地の地質が表示可能。自宅の地質を調べてみよう。

26 地質図にいろいろな情報をオーバーレイ

地質図Navi

「地質図Navi」は「20万分の1日本シームレス地質図」に紙で出版された地質図や様々の地質関連情報を表示する大変便利なシステムですが、何と何とを重ねたらどういうことがわかるかは、工夫次第です。重ね合わせる情報の意味をある程度理解している必要もあります。いろいろ重ね合わせると様々な発見があります。古い地質図も表示できるので、最新の20万分の1日本シームレス地質図V2で「この地層は現在こういう取り扱いなのか」と理解できますし、重力図（ブーゲー異常）を重ね合わせれば、地下に密度の高い地層・岩石が存在するのか、低いものがあるのかが推定できます。また化学に詳しい人は、川砂の化学分析に基づいて日本列島の地質を元素濃度から表した「地球化学図」を重ね合わせて見ると、地質との関連が見えてきます。

また例えば環境省の植生図（配信：エコリス）、地すべり地形分布図（防災科学技術研究所）を地質図に重ねて見ると、地質と密接な関係があることがわかります。

このシステムは様々な情報（コンテンツ）を重ね合わせ表示をするシステムと、産総研地質調査総合センターのデータを格納しているシステムからなっています。表示画面には必ず重ね合わせている情報の出典が表示されます。よく地質図Naviの画像を使いたい方から「『地質図Navi』というクレジットのつけ方で良いですか？」と聞かれますが、コンテンツごとのクレジット表記が必要です。

地図には縮尺があり、小縮尺の（一般的には広域の）地図を拡大しても位置精度は悪いままで意味がありません。つまり地質図Naviで小縮尺の地質図類を拡大したものと、国土地理院の詳細な地形図を重ね合わせても地質図の位置精度は大雑把なままで、地形図に基づく細かい話はできないことに注意する必要があります。

要点BOX

●地質図に様々なデータを重ねられる地質図Naviは、重ねるデータを工夫すると様々な考察が可能。クレジットと縮尺には確認が必要

地質図Naviでオーバーレイして見られる情報

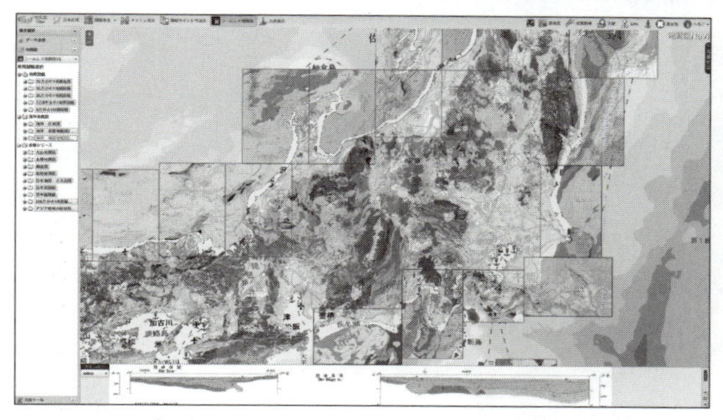

ベースマップとなる
20万分の1日本シームレス地質図V2

http://gbank.gsj.jp/geonavi/にアクセス

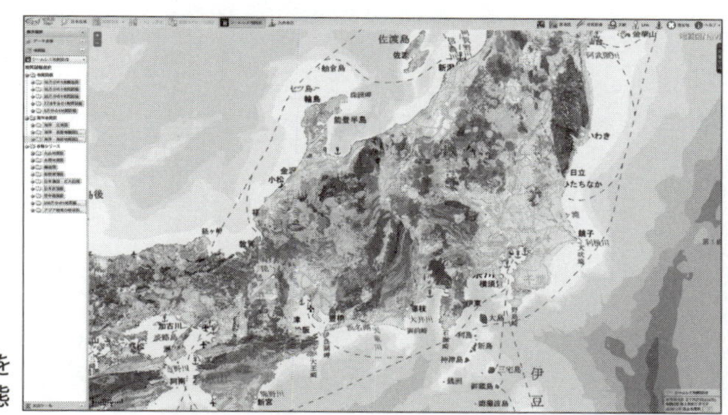

海洋地質図を
表示した状態

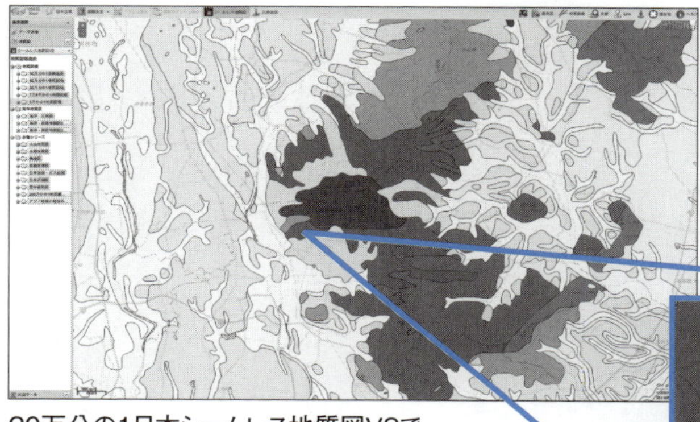

拡大しても地理院地図の配信を受けている地形図は詳細なものに切り替わるが、地質図は20万分の1精度のままのため、モザイク状に拡大される設定にしてある。

20万分の1日本シームレス地質図V2で
筑波山周辺を表示した状態

Column

様々な地質図

地質図には縮尺5万分の1や20万分の1の地質図幅だけでなく、テーマによって様々なものがあります。そのテーマは、地質と社会のかかわりの変遷をよく反映しています。時代に沿って主なものを上げてみました。例えば5万分の1の地質図幅も1950年代は日本の高度成長を支えるセメントの原料の石灰岩のありそうなところ、1980~1990年代は地震の影響を受けやすいところに重点がおかれていました。

「炭田地質図」は1957年（常磐炭田）から1975年までに13地域が出版され、14番目の天草炭田（1997年）まで続きました。同時期には「石油・ガス田図」も出版され、1961年から1972年までに11地域が出版され、13番目の「新潟県中部地域」が1992年に出版されました。

日本沿岸の海底については、「海底地質図」と、どこにどういう堆積物が分布しているかを示す「表層堆積図」があります。いずれも縮尺20万分の1で、1975年から刊行が続いています。

1980年代から2000年代初頭にかけ、広域の活構造を一目で見やすくした「50万分の1活構造図」が出版されました。活断層で起こる地震災害が注目されるようになった時期です。1990年代には主要な活断層について地質分布との関係などを示した「活断層ストリップマップ」も出版されました。また、1983年からは火山地質図の出版が始まり、2016年までに「富士山（第2版）」を含む20の火山ついて出版されています。

水資源については、1960年代から1990年代にかけて「日本水理地質図」が出版されました。この後を継いで「水文環境図」の刊行が続いています。「鉱物資源図」は、日本列島を対象とした50万分の1のものが1996年から2005年までの間に出版さました。2000年代には、東アジア、中央アジアの300万分の1、500万分の1の鉱物資源図が出版されています。最近では、土壌汚染評価の基礎となる表層土壌中の化学成分分析データをまとめた「土壌評価図」の出版が2003年から始まりました。燃料資源、海底資源、地質災害、アジアの鉱物資源、地質環境の保全と利用というおおよその流れがわかります。

その他にも重力、地磁気、地球化学、地熱資源に関する図、「海陸シームレス地質図」などがあります。

参考：地質図カタログ https://www.gsi.jp/Map/index.html

第4章 地質を見れば自然災害がわかる

27 将来も活動することが推定される断層

活断層とは

地下の地層や岩盤が割れた面に沿って上下あるいは左右に食い違いが生じたものを「断層」と言います。

地質図では「断層」は地層の境界を示す線として表現されますが、実際には空間的な広がりをもった面として存在します。この面を「断層面」と呼びます。「断層面」は凹凸が少ない平面あるいは緩い曲面ですが、その表面には摩擦の作用が働くので、「断層（面）」に沿って両側の地塊が動くときには、エネルギーが発生します。そのエネルギーが振動となって岩石中を伝わっていく現象が「地震」です。

断層を動かす主な力の源は、プレートの動きと考えられています。プレートの動き以外にも、地下からマグマが貫入したり、大陸を覆っていた氷床が融解して荷重が解放された場合にも断層が動くことがあります。地殻の中には、地球形成以降の地殻変動によって形成された断層が数多くあります。

活断層は、一般に、最近の地質時代に繰り返し活動し、将来も活動することが推定される断層を指します。「最近の地質時代」の範囲は、研究者によって必ずしも一致しませんが、第四紀後半の数十万年と考えることが多いです。「断層」が動くときには「地震」が発生するので、「活断層」は将来地震が発生する場所として注目されています。日本のように、プレート境界周辺に位置する地域には、数多くの活断層が分布しています。

「活断層」とほかの「断層」を見分けるためにはどうしたらよいでしょうか。「断層」を動かす主な力の源であるプレートの動きは数十万年という期間では大きくは変わらないので、「活断層」は過去数十万年間にわたって繰り返し動き、その痕跡が断層崖や段丘などの変動地形や地層の変形として認められます。断層の活動が繰り返す間隔は、日本周辺の内陸や沿岸に分布する活断層では、数千～数万年のものが多くみられます。

要点BOX

●活断層は、将来地震が発生する場所として注目されていて、日本のように、プレート境界周辺に位置する地域には、数多くの活断層が分布している

断層が活動した時代を調べる

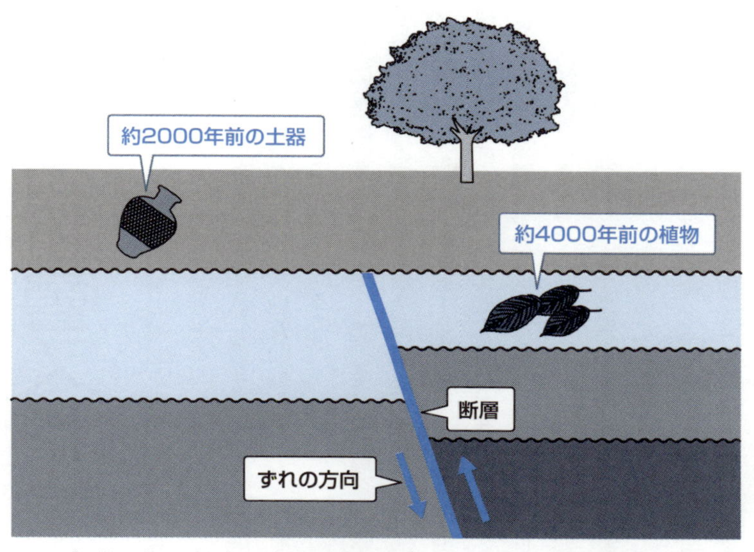

4000年前の葉っぱを含む地層は断層でずれているが、2000年前の土器を含む地層はずれていないことから、断層が動いたのは約4000年前から約2000年前の間と推定できる。

出典：産業技術総合研究所（2014）「地震を知って明日に備える」

活断層から発生する地震

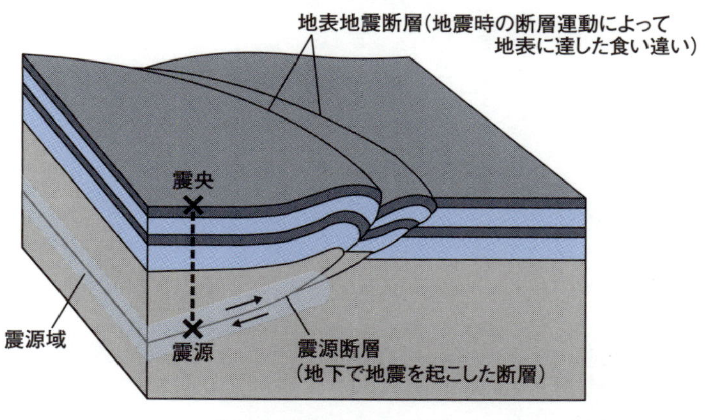

出典：地震調査研究推進本部（2014）「地震がわかる」

28 「活構造図」と「活断層ストリップマップ」

地質図の歴史と比べると活断層の概念が定着したのが1960年代とかなり新しいこともあり、通常の地質図には「活断層」という凡例がないものが多いです。20万分の1地質図幅と5万分の1地質図幅のどちらも、活断層の凡例が用いられているのは、最近刊行された地質図幅に限られています。一方で、活断層と地質との関係については、「活構造図」や「活断層ストリップマップ」という形で公表されてきました。

「活構造図」は、活断層や活褶曲と地質分布との関係をやや広域な範囲について示したもので、日本全国を縮尺50万分の1でカバーしています。このスケールの地図だと、活断層の分布や地質構造発達との関係を俯瞰することにより、その地域の地殻にどのような力が加わっているかを一目で見ることができます。さらに、「東京」、「京都」の第2版では、地震構造図や重力構造図などの付図が添付されており、地質構造と地震発生との関係を確認することができます。

「活断層ストリップマップ」は、活断層とその変位基準となる段丘面や水系との関係を示した地図で、活断層調査が集中的に行われた主要な7つの活断層系(阿寺断層系、中央構造線・近畿、中央構造線・四国、柳ケ瀬—養老断層系、糸魚川—静岡構造線活断層系、兵庫県南部地震に伴う地震断層、花折断層)について刊行されています。「活断層ストリップマップ」の縮尺は、活断層の長さに応じて、1万分の1から10万分の1までとなっています。「活断層ストリップマップ」には、各地点で求められた変位量や変位基準の年代に関する情報も記載されています。

「活構造図」と「活断層ストリップマップ」に記されている活断層と地質情報を、縮尺を自由に変更しながら、複数の情報を重ねて見たり、個々の調査地点の情報を検索して確認できるようにしたものが、現在、産総研で公開している「活断層データベース」です。

要点BOX
- 活断層の配置や地質構造発達との関係を俯瞰することにより、その地域の地震の起こり方を理解することができる

50万分の1活構造図

関東地方に分布する活断層やその他の活構造を一望できる。

出典：杉山雄一ほか（1997）「50万分の1活構造図　東京（第2版）」，地質調査所

活断層ストリップマップ

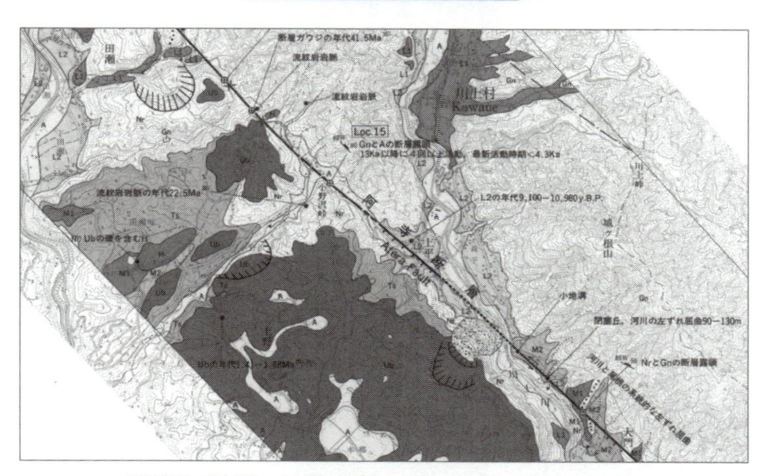

活断層で地形・地質がずれた量や年代が示されている。

出典：佃　栄吉ほか（1993）「阿寺断層系ストリップマップ」，地質調査所

29 地震と対応付けた活断層データベース

日本の活断層

日本には数多くの活断層が分布しており、これまでに多くの調査が行われてきました。これらの調査の成果は、個々の調査報告書や研究論文として公表されているほか、活断層のカタログとしてまとめられてきました。産業技術総合研究所地質調査総合センターでは、日本に分布する活断層を対象として、これまでに行われてきた調査の結果を収録した「活断層データベース」を構築し、2005年に公開しました。

この「活断層データベース」では、調査結果の蓄積だけでなく、将来発生する可能性がある地震と対応付けた活断層の区分を行っています。活断層から地震が発生する際には、個々の活断層で地震が発生する場合と、複数の活断層が連動して地震が発生する場合があります。また、ある断層の活動に伴って一緒に動く副次的な活断層もあります。活断層データベースでは、個々の活断層を「活動セグメント」、連動する可能性がある活断層群を「起震断層」と呼んでいます。連動する可能性が想定される近接する活断層がない場合には、一つの「活動セグメント」が「起震断層」となります。

活断層については、まず、どこに位置しているかが大きな関心事となるので、活断層データベースでは活断層の位置が示された地図を表示させて、そこから情報を得たい活断層を選ぶことができます。また、関心がある活断層の名前や調べたい地域、あるいは平均変位速度や断層の動き方の種類といった活断層の特徴によって検索する機能が備わっています。

現在、活断層データベースには583の活動セグメントと320の起震断層が登録されています。調査地点に関しては、約2万地点の情報が収録されています。しかし、調査地点データの収録状況には疎密があり、調査成果が登録されていない（調査が行われていない、もしくは調査成果が公表されていない）活動セグメントもまだ数多く残されています。

要点BOX

●現在、活断層データベースには583の活動セグメントと320の起震断層が登録されている

活断層データベースを使って活断層を調べてみよう

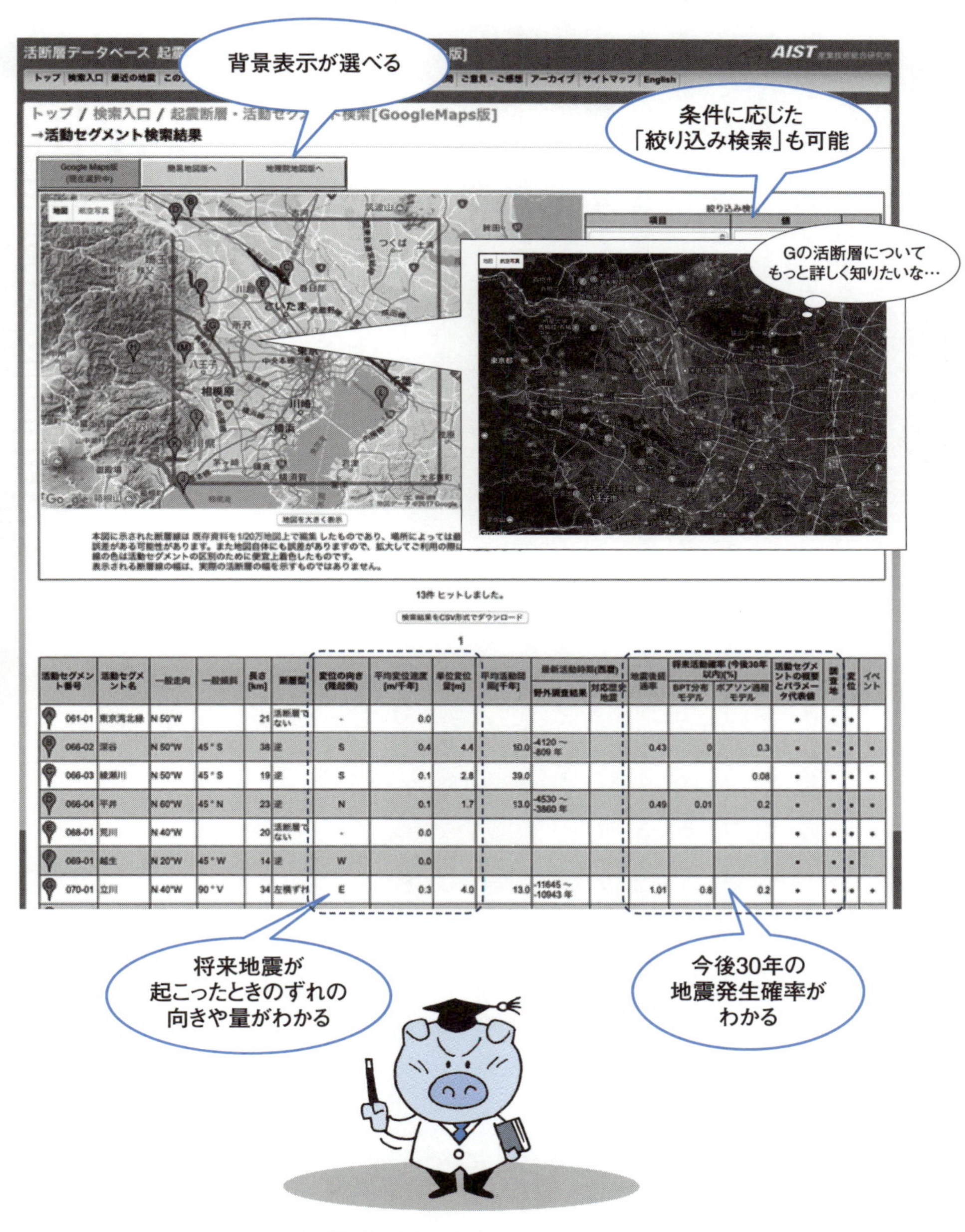

出典:産総研:活断層データベース(https://gbank.gsj.jp/activefault/index_cyber.html)

30 地質で重要な役目を担うマグマ

火山は地下でできたマグマが上昇してきて地表に噴き出すところに形成されます。マグマは地下数十㎞のマントルの一部が溶けてできると考えられています。しかし、マントルは通常は固体として安定しており、何らかの理由がないと溶けることはありません。では、マグマの生まれるきっかけは何なのでしょうか。

日本列島の地下には海洋プレートが沈み込んでいます。海洋プレートは地球の表面で冷えていますが、マントル深く沈んでいくときに対流を引き起こし、地下の熱いマントル物質が上昇することになります。こうして日本列島の地下は高温状態となり、マグマが発生しやすくなります。

海洋プレートの沈み込みは、海底の岩石や堆積物を地下に運び込む役目も担います。これらの岩石や堆積物には結晶の中に水が含まれています。沈みこんだプレートが約100㎞まで沈みこむと結晶が分解して、水が放出されます。実は、水にはマントルの岩石が溶ける温度を低くする効果があるので、そこにマグマが発生するのです。

発生したマグマは軽いので、地下深くから上昇して来ますが、いずれは周りの岩石の密度と釣り合って、マグマだまりとなります。では、釣り合っているはずのマグマがどうして噴火するのでしょう。それは、マグマに封じ込められている水などのガス化する物質が、重要な役割を果たすと考えられています。マグマには多くの水が含まれていますが、マグマが冷えるにつれ、溶け込めなくなった水は気体として出てきます。すると全体の密度が小さくなるのに加え、圧力も高くなるので、再び上昇を始めるのです。仮に、地震で岩盤に亀裂が入るなどして圧力が急激に下がった場合、ガス化が一気に起こって爆発的な噴火につながります。

よく、地球は水の惑星と呼ばれますが、地下深くのマグマの動きにまで水が大きな役割を果たしているのですね。

要点BOX

●海洋プレートの沈み込みに伴って地下深部に運ばれた水がマントルの溶ける温度を下げ、マグマが発生する

マグマの発生と火山

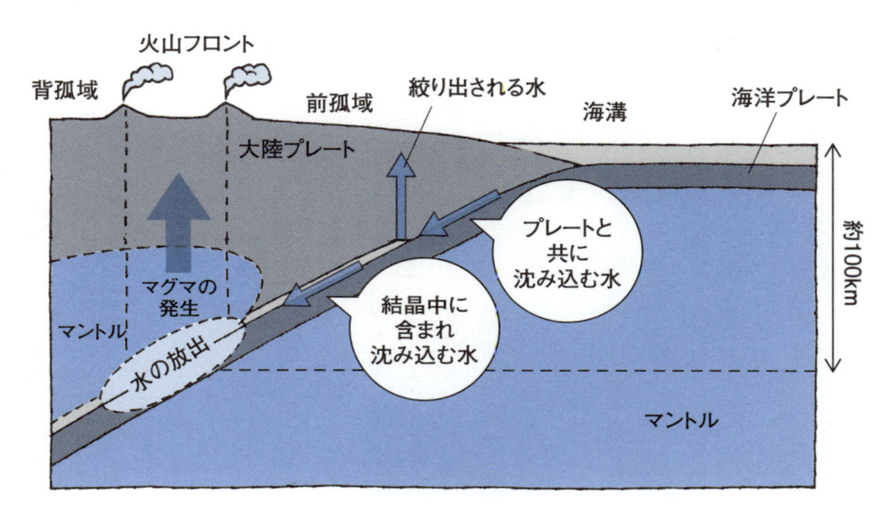

海洋プレートの沈み込みとともに、水がマントルにもたらされる。

軽石の断面を見ると、周縁部は色が白く気泡の穴も小さいのに、中心部は赤く酸化しており気泡も大きい。冷えるのが遅かった中心部では、ガスが膨張し続けていたことを示している（遅延発泡）。

出典：GSJのウェブページ「地質を学ぶ、地球を知る」より

31 たくさんの活火山がある我が国の現状

日本の火山

日本にはたくさんの火山が分布しています。現在活動中の火山の位置は海溝と平行に列をなしています。これを火山フロントと呼び、これより海溝側には火山ができないことが知られています。

概ね過去1万年以内に噴火した火山、もしくは現在活発な噴気活動のある火山を「活火山」といいます。2017年8月現在、日本には111の活火山があり、このうち50火山については火山防災のために24時間体制の監視・観測が行われています。

日本の火山と言ってまず思い浮かべるのは富士山でしょう。富士山は溶岩や火砕岩を繰り返し噴出させて山体を成長させてきた、代表的な成層火山です。同様の成層火山は日本の各地にあり、似たような三角錐型の山容で「〇〇富士」などと呼ばれて親しまれています。

日本の火山の中には、お椀形の山容を示す火山がいくつも連なる火山も多くあります。これらは粘性の高いマグマが地表を押し破って山体を形成する溶岩ドーム(溶岩円頂丘)です。近年噴火した雲仙普賢岳や有珠山などはこのタイプです。中には地表を押し上げたものの、マグマは結局地表に噴出しなかったという場合もあります(潜頂丘)。

もうひとつ、巨大噴火を起こすタイプも知られています。噴火により地下のマグマが大量に放出されるため、地下に空洞ができてしまい、大規模な地表の陥没を引き起こします。こうしてできた陥没地形をカルデラと呼び、噴火のタイプをカルデラ噴火と言います。九州の阿蘇火山では、南北約25㎞、東西約18㎞ものカルデラができています。十和田湖や支笏湖は、カルデラに水がたまって湖になったカルデラ湖です。

火山は噴火によって災害を引き起こしますが、静穏なときには温泉や地熱エネルギーなどの恩恵も与えてくれます。火山を研究すると個々の火山の性格もわかります。うまく付き合いたいものですね。

要点BOX

●2017年8月現在、日本には111の活火山があり、このうち50火山については火山防災のために24時間体制の監視・観測が行われている

三次元地質図で見る富士火山地質図。山頂から多数の溶岩流が流れている。

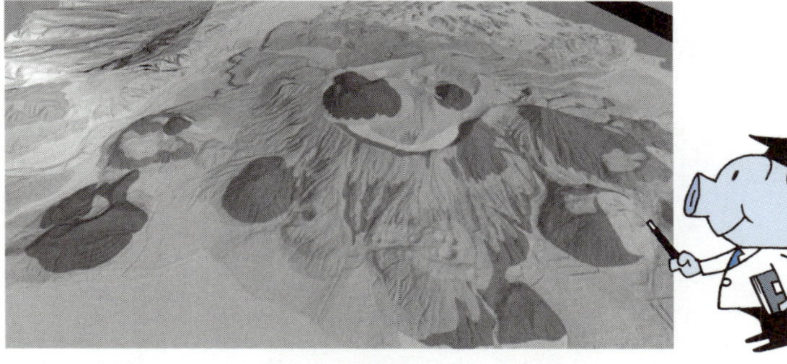

三次元地質図で見る有珠火山地質図。多数の溶岩ドームが集まっている。

三次元地質図で見る阿蘇火山地質図。高さ方向を2倍に強調。カルデラと呼ばれる巨大な陥没地形とその中央にそびえる火山群がわかる。

32 地質構造をよくみていくと災害がわかる

地すべり

　山地の多い日本では、土地がゆっくりと移動していく地すべりや、急傾斜地で起きる岩盤崩落、大雨を引き金に発生する土石流など、様々な斜面災害が発生します。これらの斜面災害の要因の多くに地質が関係しています。中でも地すべりは、動く速度こそ大きくはありませんが、緩傾斜地でも、目立った河川がなくても、様々な土地で発生しうる斜面災害です。

　地すべりも当然地質に密接な関係があります。岩石の中には、水を含むと膨張するタイプがあり、雨や雪や地下水によって、非常にもろくなることがあります。また、もともと剥離しやすい構造の岩石もあります。これらが傾斜地に分布する場合、地すべりが発生しやすくなります。

　日本の中で地すべりの特に集中する地域として有名なのは、四国の山地と新潟県の山地・丘陵地です。四国では三波川変成岩という剥離性の強い結晶片岩が広く分布しており、新潟では雪の多い地域に水によって風化しやすい堆積岩・火砕岩が分布しています。

　他にも、地質構造が原因となる地すべりもあります。水を通しやすい砂や火山灰の層の上に、硬く重い溶岩が重なるような斜面の場合、地下水が集中する地層が選択的に風化・軟弱化して、重い溶岩が滑り出してしまうことがあります。

　どうしても災害の側面が気になる地すべりですが、別の面から見れば、歴史的には人の生活を支える重要な役目も担ってきたとも言えます。棚田や段々畑がそれです。耕作に適した土地の少ない山間部において、地すべり地は貴重な平坦地として農地に利用されてきました。地すべりの最上部には崩落崖があり、地下水が湧き出すために水も豊富なので、これも耕作には好都合です。現在でも各地に残るこれらの風景は、地質と生活の切っても切れない関係を象徴しています。

要点BOX

●斜面災害は、水を含むと膨張する岩石や、剥離しやすい構造を持つ岩石が分布する場所に起こりやすい

地すべり

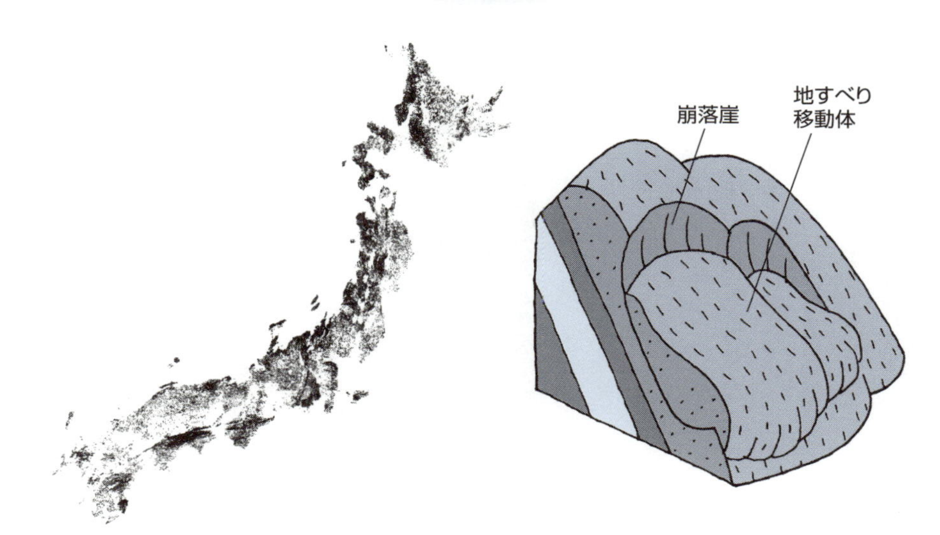

防災科技研の「地すべり地形分布図WMSサービス」より「移動体の重心」をプロットした図。日本列島の形がほぼ分かるほど多数の地ずべりが分布している。地質図Naviで地質図と重ねてみると関係がよくわかる（26参照）。

地すべり地にできた棚田の例。能登千枚田

（1999年撮影）

33 大きな振動が加わると地層が液体状になる

液状化現象

水を多く含んだ砂質の地層が強い振動を受けて液体状になることを液状化現象と言います。２０１１年東北地方太平洋沖地震では、強い揺れが広範囲に及んだので液状化も広い範囲で起こりました。

地盤は砂粒子同士の摩擦があることで安定を保っていますが、水を多く含む状態で連続して振動が加わると、粒子どうしの隙間が減少して間隙水圧が増加し、粒子間の摩擦が無くなって液状化現象が起きます。液状化をしやすいのは、地下水位が高く未固結の地層で、そうした地層が厚く堆積している三角州や河川跡のほか、海、池、水田などを埋め立てた場所があります。液状化した地層が水と一緒に地割れから吹きだすこともあり、噴砂と呼ばれます。

液状化現象が起きると地盤は急に支持力を失います。このため比重の大きいビルなどは傾斜や沈下を起こします。逆に、比重の小さい埋設管やマンホールなどは浮力で浮き上がることがあります。液状化による被害が日本で最初に注目されたのは１９６４年の新潟地震の時です。当時新しかった4階建てアパートが何棟も倒れるなどの被害が生じ、大きく報道されました。最近では、各自治体では、液状化現象の発生危険箇所や液状化のしやすさをまとめたハザードマップの整備や、インフラの補強などを進めています。

地層には過去に起こった液状化の痕跡が記録されています。遺跡の発掘現場では噴砂が家屋の床を引き裂いた跡などが見つかることがあります。条件が良ければ、液状化痕と遺跡の時代との比較から、地震が起きた時期を特定できます。液状化は地震の揺れが強かった場所で起こりやすいので、地震を起こした断層に沿って分布する傾向があります。同じ時期の液状化痕が、空間的にどの様に分布しているかを調べると、震源となった断層を推定できることがあります。こうした情報は歴史記録の検証や、歴史記録にはない古い時代の地震の発見に役立っています。

要点BOX

●地盤は砂粒子同士の摩擦があることで安定を保っているが、水を多く含む状態で連続して振動が加わると、粒子間の摩擦が無くなって液状化現象が起こる

液状化の起きる仕組み

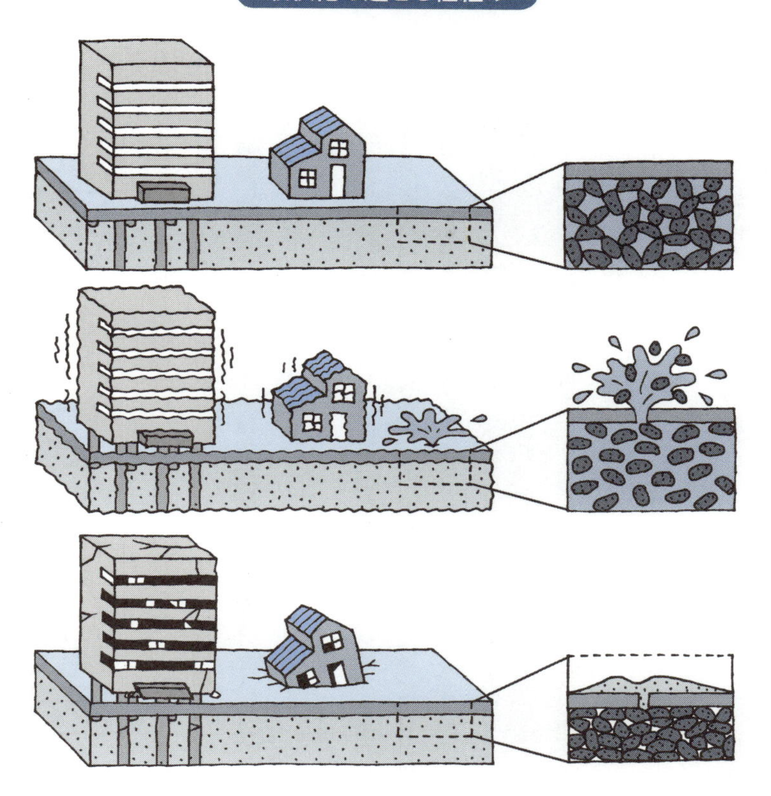

2011年東北地方太平洋沖地震による液状化現象

茨城県稲敷市（2011/3/12）

34 プレート境界地震、火山活動、海底地すべりなどが原因

津波

津波は、海底や湖底の地形が急変したり、海水や湖水に大きな衝撃が加わって、大量の水が動かされて起こります。海溝周辺で生じるプレート境界地震が一番の原因ですが、ほかに火山活動、海底地すべり、土石流、隕石の衝突などもあります。

プレート境界の巨大地震では、海溝沿いに数十kmから1000kmの長さにわたり、数十kmから数百kmの幅で、数十秒から数分間に海底が一気に隆起・沈降します。この海底地形の変化が海面に現れ、水位の変化が波となって周囲に伝わっていくのが津波です。津波の波長は海底地形が変化した範囲と関係するので、数十kmから100km以上もあり、風で海面にできる波の波長が数十mから100mのオーダーなのと大きく違います。

波長が長い波は減衰しにくいので遠くまで届きます。低い音が遠くまで聞こえるのと同じです。

1960年に南米のチリ沖でM9・5の超巨大地震がおき、それによる津波は太平洋の反対側から1万7000km離れた日本列島まで22時間半をかけて届き、死者142人のほか多数の建物被害などを出しました。

津波が内陸まで侵入するのも、波長が長いためです。波頭の後ろには盛り上がった海水がずっと沖まで続いていて、後から後から陸にあふれます。波長が短い風波は、海岸に押し寄せてもすぐに引いてしまいます。

津波は水深が深いほど伝わる速度が大きく、水深5000mで時速800km、水深5000mで時速250km、水深10mで時速36kmほどになります。これは津波が陸に近づくと波高が急に高くなることにも関係します。

津波の先端が陸に近づき水深が浅くなって減速すると、後ろの方にある速度の速い部分が追い付いてきます。海水は逃げ場がないので上に盛り上がり、波高が高くなります。

要点BOX

●津波は、海底や湖底の地形が急変したり、海水や湖水に大きな衝撃が加わって、大量の水が動かされて起こる

津波の発生：海溝型地震（逆断層の例）

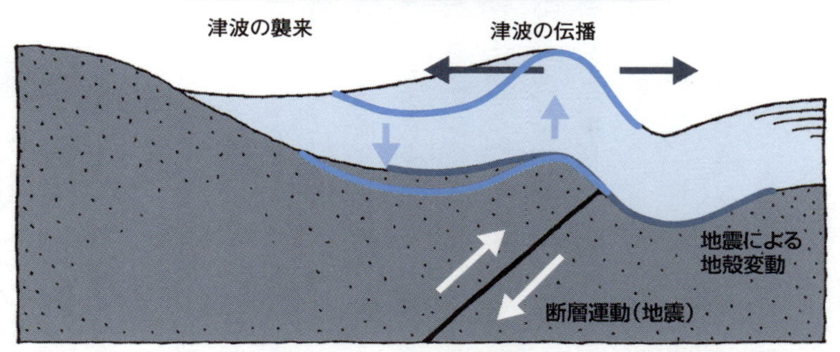

海底の変形が海面に“写像”されて、それが初期波形になる。隆起側（水面が盛り上がった側）に面した海岸では押し波が先に来て、後から引き波が来る。図のように沈降側に面した場所では、引き波が先に来て、押し波が後から来る。

「気象庁のHPを参考に作成https://www.jma.go.jp/jma/kishou/know/faq/faq26.html」

津波発生のメカニズム

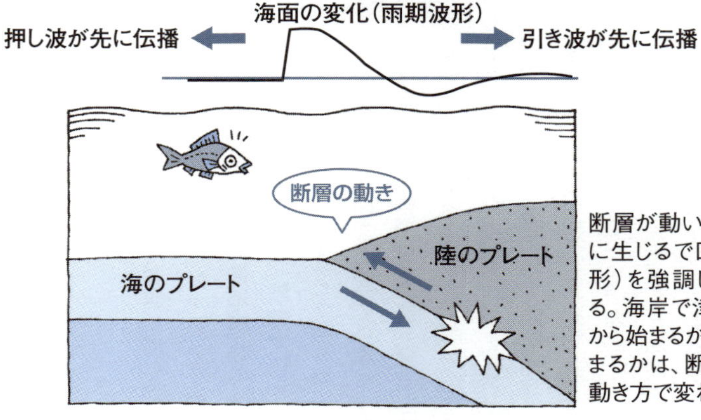

断層が動いたときに海面に生じるで凹凸（初期波形）を強調して書いている。海岸で津波が押し波から始まるか引き波から始まるかは、断層の場所や動き方で変わる。

津波の伝播

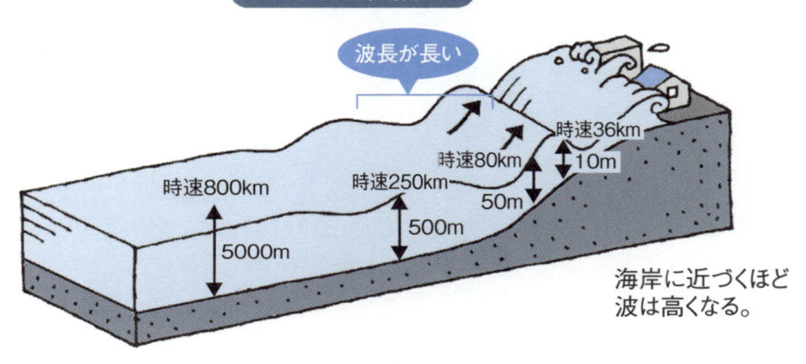

海岸に近づくほど
波は高くなる。

35 過去に来襲した津波を知る

津波が原因となって形成された堆積物を一般に津波堆積物と言います。例えば、普段は陸成の堆積物が溜まっているところへ津波が押し寄せると海生生物の遺骸を含んだ砂層などが覆うことになります。津波堆積物を構成する物質は、地形、地質、生物相、土地利用などの条件によって様々です。津波で巨大な岩やサンゴ礁の破片が打ち上げられた例もあり、これは津波石と呼ばれます。被災した家屋など人工物の残骸も津波堆積となります。陸上だけでなく、津波の戻り流れによって海底にも津波堆積は形成されます。

津波堆積物の一部は風雨による浸食から残って、地層に保存されることがあります。これを特定して年代を決定することで、過去に津波が襲来した時期を推定できます。時には古文書に記されていない古い時代の津波堆積物が発見されることもあります。また、津波が起きたときの地形と津波堆積物の分布を丁寧に解明することで、津波が押し寄せた範囲を近似的に推定できます。仙台平野とその周辺では869年の貞観地震による津波堆積物の分布範囲から、この津波が2011年東北地方太平洋沖地震の津波に匹敵する規模であったことが明らかにされています。

津波堆積物研究の歴史は若く、日本では主に1983年日本海中部地震を契機として、1980年代後半以降、研究事例が蓄積されてきました。2004年インド洋大津波を受けて世界的に研究が盛んになり、2011年東北地方太平洋沖地震以降は、災害予測と防災のために特に重視されるようになりました。

地震による津波だけでなく、大規模な海底地すべりや、火山噴火に関連した津波堆積物も見つかっています。メキシコのユカタン半島などでは白亜紀と古第三紀の境界に大規模な津波堆積物が見つかり、これは恐竜を含む生物大量絶滅を起こした巨大隕石の衝突によるものと考えられています。

要点BOX

●津波が起きたときの地形と津波堆積物の分布を丁寧に解明することで、津波が押し寄せた範囲を近似的に推定できる

過去の津波堆積物でわかること

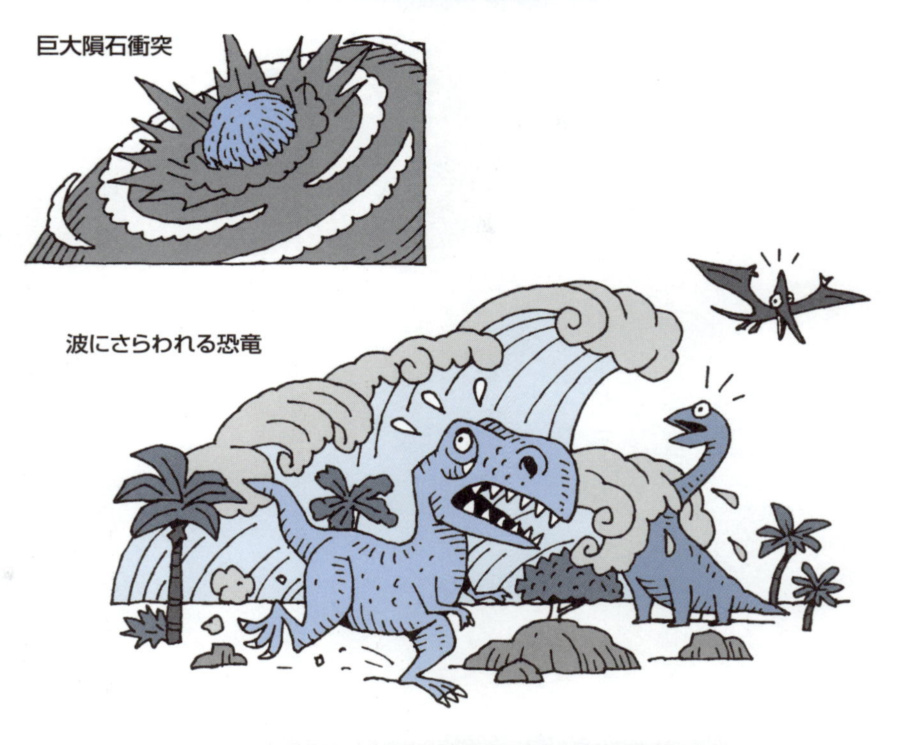

波が静かで泥質の地層が堆積する内湾に、7500年前頃に大津波が突入した痕跡。津波堆積物は大きな礫や様々な種類の貝化石を大量に含んでいる。

（千葉県館山市）

Column

災害研究で地質を研究するわけ

地震、津波、火山噴火、豪雨などの自然災害の対策を立てるには、次に災害が起きるのはどこか、起きるとすれば何時ごろか、それはどのような規模になりそうかを予測することが必要です。その上で実効的な対策を練ることになります。この予測の基礎となるのは過去の事実です。過去にどのように災害が繰り返してきたかを調べて、統計的に解釈をすることが主流です。過去の情報が沢山あればそれだけ統計的な確からしさが増します。

近代的な機器を使った地震や気象の観測は、日本では明治になって早いうちに始まり100年以上の歴史があります。ところが、繰り返し間隔は比較的短いプレート境界地震でも100年以上のことが多く、内陸活断層が地震を起こす間隔は多くの場合1000年以上と言われます。このため機器による観測では十分なことがわかりません。昔の人が書いた日記や寺社の記録、幕府や朝廷の記録などを使うと、最長で7世紀くらいまではさかのぼることができますが、それ以前は文字記録がありません。遺跡で見つかる液状化の痕や地割れは、かつてそこが強い震動に襲われた記録です。数千年前の遺跡からも同様に地震の揺れの痕跡が見つかることがありますが、地震の起きた時代が特定できる例は限られています。

地層から地震、津波、火山噴火、洪水などの痕跡を探し、数千年、数万年前までさかのぼって繰り返しや規模を調べる研究が行われています。これらの研究では活断層をまたぐ大きな溝を掘って地層の断面に現われた断層を調査したり、沢山のボーリングなどを行って津波堆積物の分布や年代を調べています。

地層には化石と同様に、理屈上は何億年にもわたる自然災害の記録が残っているはずですが、それを読み出すテクニックが未発達です。研究が進めば、地層から過去の現象の種類や規模を解読できるようになる日が来るかもしれません。

第 5 章

地質の中には いろいろな資源が眠る

36 鉱床とは有用な鉱物資源があるところ

自然界で鉱物資源が濃集して経済的に採掘している、または採掘できそうなところを鉱床と呼びます。実際に採掘され始めると、そのための設備や建物も含めて鉱山と呼ばれます。鉱床を構成する資源となる岩石は鉱石と呼ばれ、さらに鉱石は資源となる有用鉱物（または鉱石鉱物）と不要な脈石鉱物から構成されます。鉱石は破砕・粉砕により細かくされた後、物理・化学的な処理により鉱石鉱物を多く選別し（選鉱）、そして多くの金属鉱物資源の場合はその後に製錬し（さらに純度を高める場合は精錬し）、素材となります。簡単に言い換えると、有用鉱物の濃縮が選鉱、有用元素の濃縮が製錬となります。

金属としての物理化学的性質を利用して素材を作るための資源は金属鉱物資源と呼ばれます。日本でこれまでに鉱山から生産された代表的な金属鉱物資源は、金、銀、銅、鉛、亜鉛、鉄、マンガン、スズ、タングステン、クロム、モリブデン、アンチモン、インジウムなどです。これらの鉱床は特定の地質帯に分布しています。例えば、金鉱床の多くはかつて火山活動があった地域に見つかります（37参照）。スズやタングステン鉱床は、西南日本の特定の花崗岩やその母岩の中に見つかっています。

一方、鉱物または岩石自体の物理化学性質を利用した資源が非金属鉱物資源です。石灰岩、セリサイト、カオリン、ベントナイト、珪石（珪砂）、長石、珪藻土、砂利、骨材、石材などがあります。非金属鉱物資源は一般に金属鉱物資源に比べて単位重量あたりの価格が安く、国内で自給することが多いですが、最近では輸入量も多くなっています。

通常は鉱物資源に含まれませんが、ヨウ素の日本での生産量は世界第2位、埋蔵量は世界第1位と見積もられています。ヨウ素は千葉県を中心とした南関東ガス田の水溶性天然ガス鉱床から生産され、海外にも輸出されています。

日本の鉱物資源

要点BOX

●自然界で鉱物資源が濃集して経済的に採掘している、または採掘できそうなところを鉱床と呼び、そのための設備や建物も含めて鉱山と呼ばれる

日本の主な鉱床の分布図

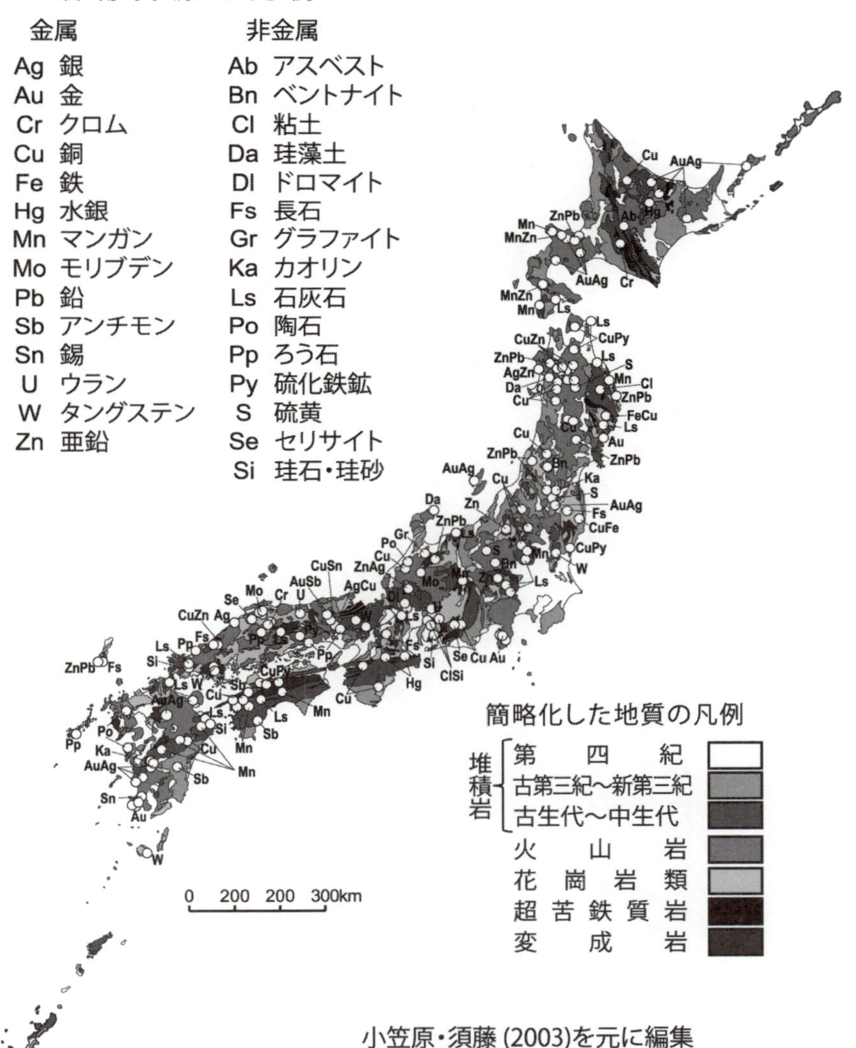

小笠原・須藤 (2003)を元に編集

37 金が採れる日本の地質 ―黄金の国伝説―

日本はかつて黄金の国と呼ばれたように、金鉱床が多いです。金鉱床からは金以外に銀も生産されます。金鉱床には幾つかのタイプがあり、浅熱水性金鉱床は、数と産金量が多く、特に、九州、北海道、伊豆半島に集中しています。この鉱床ではマグマによって温められた天水が熱水となって金を溶かします。大陸地殻の1キロメートルより浅いところにできた割れ目などに熱水が浸入し、金やシリカ（SiO_2）などが沈殿することで鉱床ができます。鉱床は新第三紀から第四紀の火山岩中に見つかることが多く、現在の火山フロントに近く、かつて火山フロントであった地域に見つかります。火山岩は熱水変質を受けているので、これらが探査のための指標となります。日本最大の菱刈金鉱床（鹿児島県）も、第四紀の安山岩および白亜紀の堆積岩中に胚胎されています。

浅熱水性金鉱床の他に、有機物に富む堆積岩または花崗岩質の貫入岩に石英脈として胚胎されるタイプの金鉱床があり、東北地方に多く見られます。例えば、モンスター・ゴールドと呼ばれた金鉱石を産出した宮城県鹿折金鉱床は、堆積岩中に胚胎されます。また、38で説明する火山性塊状硫化物鉱床からは銅・鉛・亜鉛の副産物として銀や金が回収されます。

以上の金鉱床は、地表に露出した後に風化・浸食作用を受け、砂金となって河川流域に再堆積します。金は他の鉱物に比べて比重が大きく、長い年月を経ても酸化されずに美しいため、古くから各地で発見されています。日本最初の砂金は8世紀に現在の宮城県遠田郡で発見されました。当時、奈良の大仏メッキに使われる国産の金が必要とされていたため、大量の砂金が平城京に献上されて聖武天皇は大喜びしたそうです。その後、砂金は東北地方で奥州藤原氏の繁栄を支えました。戦国時代以降は岩石からの金鉱石の採掘が盛んになりました。金は日本の歴史や発展に関わってきた重要な鉱物資源です。

浅熱水性金鉱床

要点BOX

●日本では浅熱水性金鉱床からたくさんの金が生産され、かつて火山活動が活発で金を含む熱水が生成された地域に見つかっている

日本の金鉱床と火山性塊状硫化物鉱床（金も産出した）の分布

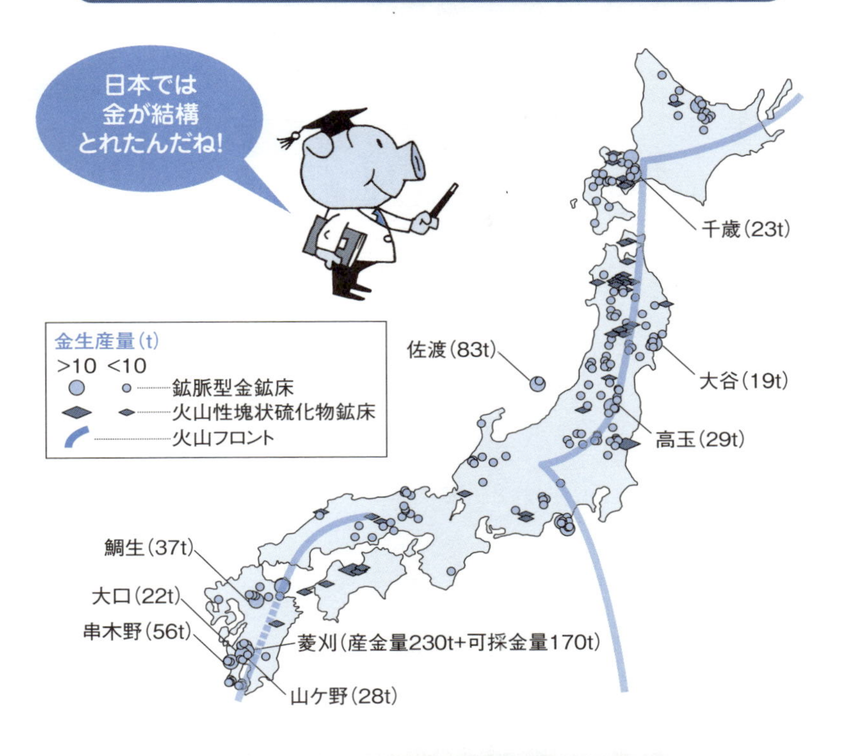

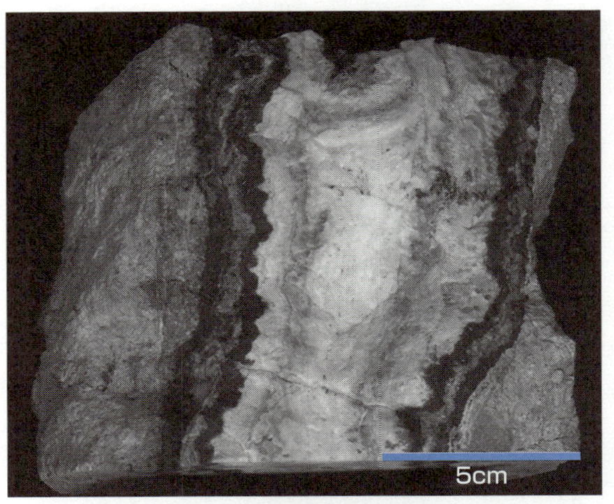

菱刈金鉱床の含金銀石英脈（地質標本館所蔵GSJ M12212）。
銀鉱物や金に富む黒い縞模様が特徴的。

38 銅、鉛、亜鉛は火山性塊状硫化物鉱床から

黒鉱と別子型鉱床

日本の銅、鉛、亜鉛は火山性塊状硫化物鉱床から多く生産されました。この鉱床タイプでは海底火山活動に伴って有用元素が硫化物として産出します（必ずしも塊状とは限りません）。そして、黒鉱鉱床および別子型鉱床の2つのタイプに大別されます。これらの鉱床は日本の産業の発展に大きく貢献してきました。

黒鉱鉱床は亜鉛、鉛、銅に富み、副産物として銀や金を含むことが多いです。黒鉱は閃亜鉛鉱や方鉛鉱といった黒色ないし灰色の鉱物に富む鉱石で、その名の通り黒っぽい見た目をしています。黒鉱の下位には黄銅鉱や黄鉄鉱に富む鉱石の黄鉱があり、さらに下位にはシリカに富む珪鉱があります。黒鉱鉱床は中期中新世の日本海拡大時に、背弧の海底火山活動で発生した熱水が急冷し、有用鉱物が沈殿してできました。そのため、鉱床はグリーン・タフ（緑色凝灰岩）の中に見つかる特徴があります。黒鉱は比較的細粒の異なる複数の硫化物やその他の鉱物の集合体であるため複雑硫化鉱とも呼ばれ、選鉱や製錬技術が発達した20世紀初頭になってから本格的に開発されました。

別子型鉱床は銅に富み、亜鉛や少量の銀や金を含みます。鉱床は元々は中央海嶺における海底火山活動で発生した熱水から有用鉱物が沈殿してできました。その後、プレートの移動により鉱床が日本列島の元となる大陸の縁に付加したために、現在は地表近くで鉱床が確認されます。これらは特定の付加体に確認される特徴があり、元々の鉱床の母岩であった玄武岩や泥・砂岩は広域変成作用によって片岩となったものもあります。別子型鉱床はその名の通り、愛媛県の別子銅鉱山から名付けられています。1590年からの優れた銅製錬技術、そして1691年から開発された別子鉱山は住友グループの礎となりました。このように、日本を代表する企業のいくつかには、大型鉱山や関連する開発技術が発祥に関わっています。

要点BOX

●火山性塊状硫化物鉱床は、海底火山活動に伴って形成した硫化物を含み、黒鉱鉱床および別子型鉱床の2つのタイプに大別される

黒鉱鉱床のできかた

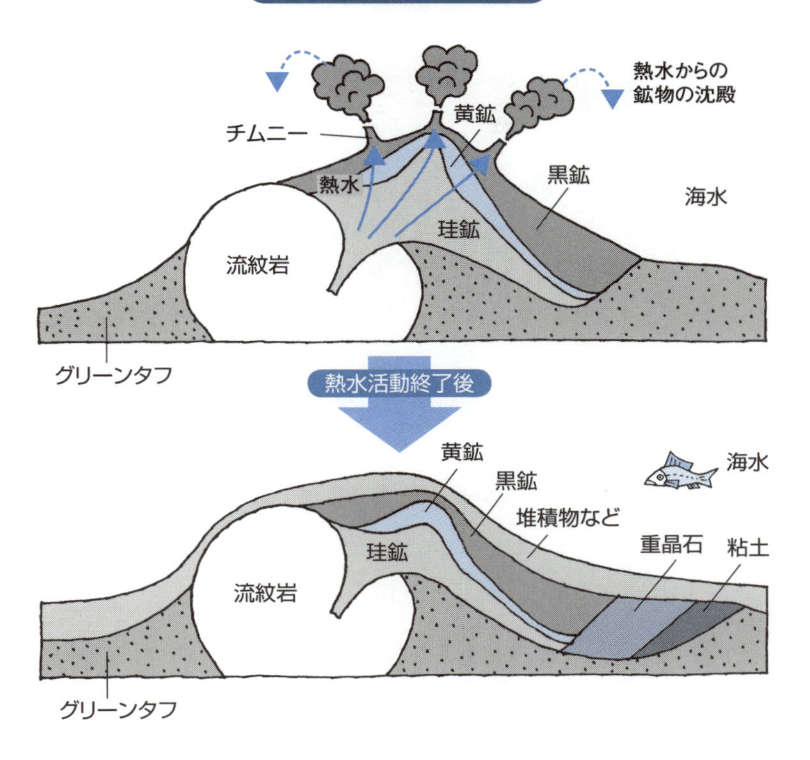

堆積構造を示す黒鉱の断面写真

写真の横幅は12cm

39 日本にはあまりない資源

レアメタルとは

レアメタルの定義は、1984年に通商産業省が定めた「工業需要が現に存在する、あるいは、今後見込まれるものについて、その安定供給の確保が政策的に重要であるもの」です。具体的には31鉱種の47元素（希土類の17元素を1鉱種とみなすため）です。あくまで資源としての金属元素を指す用語であり、元素の物理化学的性質による分類とは異なります。ベースメタルと金・銀を除いた天然の金属元素のほとんどがレアメタルになるイメージです。ベースメタルとは、一般に鉄、アルミニウム、銅、鉛、亜鉛、スズを指します（鉄とアルミニウムを含めない場合もあります）。

日本では海底火山活動やプレート沈み込みに伴う火成活動により、金、銀、銅、鉛、亜鉛などは豊富でしたが、レアメタルは少ないです。例えば、世界の軽希土類やニオブ資源のほとんどは、カーボナタイトというマグマ性炭酸塩岩が鉱石です。カーボナタイトはマントルを起源として、大陸地殻が引張応力によって割れた地域に形成されます。また、リチウムの大部分が塩湖のかん水から生産されていますが、このような鉱床は南米などの乾燥地域に限られます。

レアメタルは製錬の副産物であることが多いため、鉱山のレアメタル鉱石生産と製錬所のレアメタル生産を区別して考える必要があります。例えば、セレンの生産量は日本が世界一ですが、日本の鉱山からセレン含有鉱石がたくさん生産されているわけではありません。輸入した銅鉱石などを日本で製精錬する過程で、セレンが副産物として丁寧に回収されているわけです。レアメタルの生産には地質学的条件だけでなく、製精錬の技術が大きく影響します。

レアメタルという用語は、日本国外では解釈が曖昧で、欧州やアメリカなどでは、クリティカル・メタルという用語が使われます。ただし、どれがクリティカルな（社会にとって危機的なほど重要な）鉱種かは、各国や時期によって変化することに注意が必要です。

要点BOX

●日本では、海底火山活動やプレート沈み込みに伴う火成活動により、金、銀、銅、鉛、亜鉛などは豊富だがレアメタルはあまりない

周期表における金属鉱物資源の分類

金属　半金属　非金属　★ 希土類元素

ベースメタル　貴金属　レアメタル

周期＼族	1	2	3	4	5	6	7	8	9	10	11	12	13	14	15	16	17	18
1	1 H 水素																	2 He ヘリウム
2	3 Li リチウム	4 Be ベリリウム											5 B ホウ素	6 C 炭素	7 N 窒素	8 O 酸素	9 F フッ素	10 Ne ネオン
3	11 Na ナトリウム	12 Mg マグネシウム											13 Al アルミニウム	14 Si ケイ素	15 P リン	16 S 硫黄	17 Cl 塩素	18 Ar アルゴン
4	19 K カリウム	20 Ca カルシウム	21★ Sc スカンジウム	22 Ti チタン	23 V バナジウム	24 Cr クロム	25 Mn マンガン	26 Fe 鉄	27 Co コバルト	28 Ni ニッケル	29 Cu 銅	30 Zn 亜鉛	31 Ga ガリウム	32 Ge ゲルマニウム	33 As ヒ素	34 Se セレン	35 Br 臭素	36 Kr クリプトン
5	37 Rb ルビジウム	38 Sr ストロンチウム	39★ Y イットリウム	40 Zr ジルコニウム	41 Nb ニオブ	42 Mo モリブデン	43 Tc テクネチウム	44 Ru ルテニウム	45 Rh ロジウム	46 Pd パラジウム	47 Ag 銀	48 Cd カドミウム	49 In インジウム	50 Sn 錫	51 Sb アンチモン	52 Te テルル	53 I ヨウ素	54 Xe キセノン
6	55 Cs セシウム	56 Ba バリウム	57-71 ★ ランタノイド	72 Hf ハフニウム	73 Ta タンタル	74 W タングステン	75 Re レニウム	76 Os オスミウム	77 Ir イリジウム	78 Pt 白金	79 Au 金	80 Hg 水銀	81 Tl タリウム	82 Pb 鉛	83 Bi ビスマス	84 Po ポロニウム	85 At アスタチン	86 Rn ラドン
7	87 Fr フランシウム	88 Ra ラジウム	89-103 アクチノイド	104 Rf ラザホージウム	105 Db ドブニウム	106 Sg シーボーギウム	107 Bh ボーリウム	108 Hs ハッシウム	109 Mt マイトネリウム	110 Ds ダームスタチウム	111 Rg レントゲニウム	112 Cn コペルニシウム	113 Nh ニホニウム	114 Fl フレロビウム	115 Mc モスコビウム	116 Lv リバモリウム	117 Ts テネシン	118 Og オガネソン
				57 La ランタン	58 Ce セリウム	59 Pr プラセオジム	60 Nd ネオジム	61 Pm プロメチウム	62 Sm サマリウム	63 Eu ユーロピウム	64 Gd ガドリニウム	65 Tb テルビウム	66 Dy ジスプロシウム	67 Ho ホルミウム	68 Er エルビウム	69 Tm ツリウム	70 Yb イッテルビウム	71 Lu ルテチウム
				89 Ac アクチニウム	90 Th トリウム	91 Pa プロトアクチニウム	92 U ウラン	93 Np ネプツニウム	94 Pu プルトニウム	95 Am アメリシウム	96 Cm キュリウム	97 Bk バークリウム	98 Cf カリホルニウム	99 Es アインスタイニウム	100 Fm フェルミウム	101 Md メンデレビウム	102 No ノーベリウム	103 Lr ローレンシウム

40 希土類資源はどこにある？

希土類の生産は大変

希土類元素（レアアースと書くとレアメタルと紛らわしいので本書では希土類と表現します：39の周期表参照）は、「希（レア）」という文字を冠しますが、身の回りの多くの岩石中に少量（希土類の合計で1万分の1程度の重量比）は含まれています。この存在率は銅や金よりも高いのですが、次の理由で銅や金の鉱山に比べて希土類鉱山の数ははるかに少ないのです。

希土類元素はスカンジウム（Sc）を除くと互いに近いイオン半径で性質が似ており、特定の鉱物に一緒に含まれます。そのため、希土類鉱物を選鉱し、酸やアルカリで溶かした後に、各希土類を分離・精製する工程が必要です。一方、希土類鉱石の多くはウランやトリウムの濃度が比較的高く、これらの取り扱いにも注意が必要です。加えて、希土類の多くは中国で生産されているため、価格や供給が安定しません。希土類の生産はこれだけ大変でありながら、価格は金よりも安いため、現在のところ、経済的に開発できる希土類鉱床は世界でも限られます。

希土類は大きく軽希土類（ScおよびLaからEuまで）と重希土類（YおよびGdからLuまで）に分けられます。希土類鉱床のほとんどは軽希土類に富み、軽希土類の主要な鉱石であるカーボナタイトは、より高価な重希土類には乏しく、またトリウムなどの放射線元素濃度が高いことが開発の妨げとなります。

重希土類は近年の新たな用途のために需要が高まってきました。例えば、ハイブリッド車や電気自動車に使用される希土類磁石には、軽希土類のNdなどの他に、重希土類であるDyなどが必要です。世界の重希土類のほとんどは中国南部にあるイオン吸着型鉱床から生産されています。この鉱床では風化した花崗岩の粘土鉱物表面に大部分の希土類が静電気的に吸着していて、電解質溶液でイオン交換することで簡単に希土類を回収できます。このような鉱床は、温暖・湿潤な気候で特定の花崗岩の上に発達します。

要点BOX

●希土類元素を取り出すには、希土類鉱物を選鉱し、酸やアルカリで希土類を溶かした後に、各希土類を分離・精製する工程が必要となる

希土類元素に富むカーボナタイト鉱床の模式図

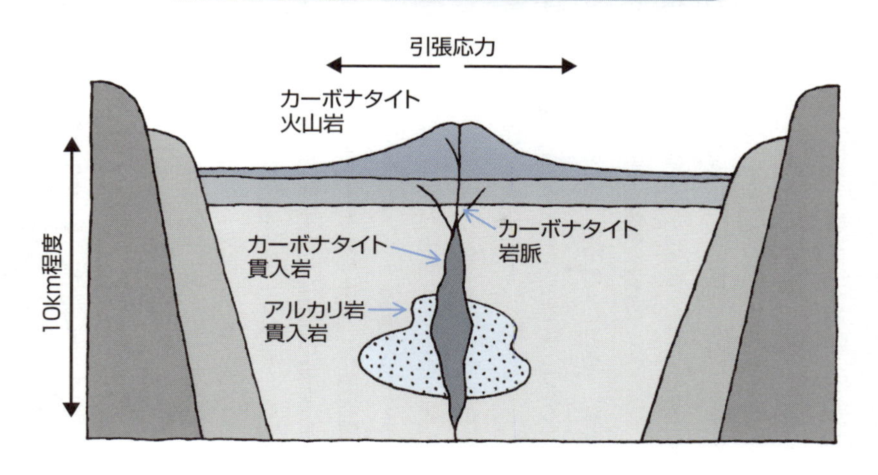

イオン吸着型鉱床の模式図

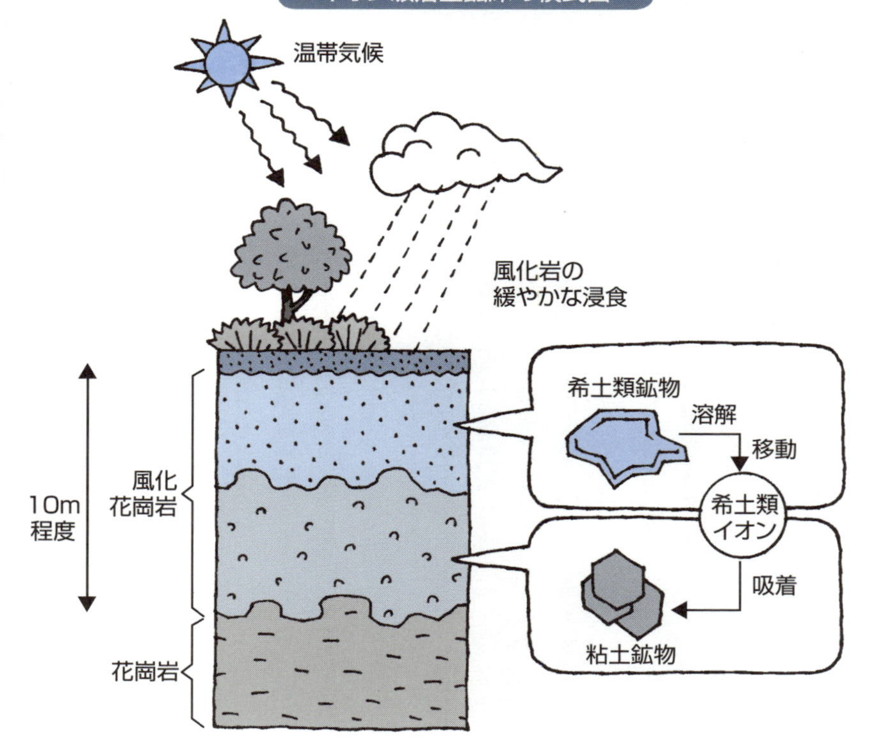

41 巨大な結晶からなる岩石がある

ペグマタイト

ペグマタイトとは巨大な結晶からなる岩石のことです。深成岩である花崗岩の中に脈状または空洞状に形成されることが多いですが、はんれい岩などの超苦鉄質岩中に見つかることもあります。花崗岩質ペグマタイトは、水を多く含むマグマの温度が低下する際に、不純物が少ない高純度の結晶がゆっくりと成長してできます。花崗岩質ペグマタイトは、様々な鉱物資源または宝石の原石を産出することがあります。一方、超苦鉄質岩中のペグマタイトとしては、ブッシュフェルト複合岩体（南アフリカ）の中のメレンスキー層が有名であり、白金族元素の重要な資源です。

花崗岩質ペグマタイトの場合、ほとんどが石英と長石（曹長石とカリ長石）から構成され、少量の雲母（白雲母と黒雲母）とその他の鉱物を含みます。石英、長石、雲母は大陸地殻には豊富にある鉱物ですが、ペグマタイトに産出する場合は不純物が少なく高品質です。石英や長石はガラス製造に用いられます。一部の高純度石英は特殊な石英ガラスや半導体シリコンの原料となります。雲母は耐熱性絶縁材料として利用されます。その他、花崗岩質ペグマタイトに含まれる蛍石、コルンブ石–タンタル石、リシア輝石もまた鉱物資源となり、それぞれ、フッ素化合物や融剤、コンデンサ、リチウム電池などの原料となります。

花崗岩質ペグマタイトに少量含まれる電気石、ザクロ石、トパーズ、リシア輝石、ベリル（アクアマリン、エメラルド）、コランダム（サファイア、ルビー）などの鉱物が、美しく大きな結晶として産出すると宝石の原石となります。有名な産地としてブラジル、マダガスカル、ロシア、アメリカなどがあります。ペグマタイトを作るマグマは水などの揮発成分を多く含んでおり、圧力の低下などによって水が集まっていた部分が空洞となったまま残ります。これを晶洞と呼びます。結晶がゆっくりと成長できる空間があるので、自形の大きな結晶ができると、宝石の原石となります。

要点BOX

●花崗岩質ペグマタイトは、ほとんどが石英と長石から構成されるが、様々な鉱物資源や宝石の原石を産出することもある

花崗岩質ペグマタイトの模式図

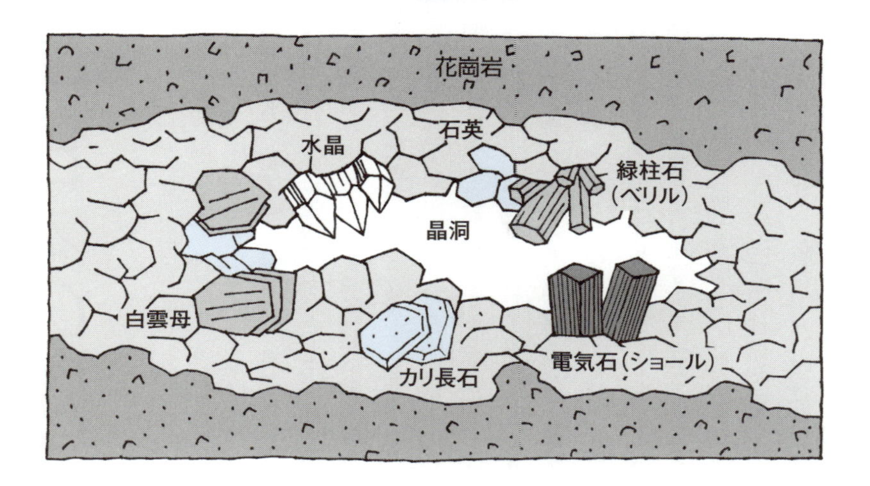

ブラジルのペグマタイトの電気石（ショール）と石英

黒い結晶が
電気石

コインの直径は
27mm

花崗岩の中の晶洞

42 日本の焼き物の原料

陶土と陶石

日本では古くから陶磁器（焼き物）が作られてきました。現在でも、美濃焼、瀬戸焼、有田焼、九谷焼といった日常品または伝統工芸品として、私たちの生活のそばにあります。これらの陶磁器の原料となるのが陶土や陶石と呼ばれる非金属鉱物資源です。

陶土とは陶磁器の原料となる可塑性の粘土のことです。陶磁器は焼成する前に成形する必要があるため、可塑性が必要です。粘土鉱物としてカオリン（カオリナイトとハロイサイト）や少量のセリサイトなどが含まれていることが多いです。ただし、粘土だけでは乾燥や焼成後に収縮してしまうので、非可塑性の石英を加えて調整する必要があります。また石英には焼成時に溶けて陶磁器の表面を覆うガラス質の被膜を作る役割があります。天然の陶土には鉄やチタンの水酸化物や酸化物が少量含まれており、焼成後に色がついてしまいます。そのため、白色の陶磁器にはこのような不純物が少ない高品質な陶土が好まれます。

日本では東濃・瀬戸地域の木節粘土や蛙目（がいろめ）粘土鉱床が有名です。これらは堆積岩などに含まれる粘土や風化した花崗岩が、新第三紀にこの地域に広がった湖に堆積してできたものです。これらの粘土は、カオリンと一緒にそれぞれ炭化木片や蛙の目のように見える石英粒子を含むことから名付けられました。

陶石とは陶磁器の原料となる白色の岩石のことで、石英、長石、粘土を主成分とし、主に磁器の原料となります。長石はカリウムやナトリウムを含むので、磁器を焼くときに融剤となります。また、陶磁器の表面を被覆する釉の原料ともなります。粘土鉱物のセリサイトは、含まれるカリウムが融剤の役割も果たします。陶石の産地としては、泉山陶石（佐賀県）や天草陶石（熊本県）鉱床が有名です。これらの陶石は新第三紀の流紋岩が熱水変質を被ってできました。泉山陶石は17世紀に朝鮮の陶工により発見され、日本初の磁器の原料となりました。

要点BOX

●陶磁器の原料となる可塑性の粘土を陶土、白色の岩石のを陶石といい、粘土鉱物、石英、長石を含んでいる

堆積性の木節粘土鉱床の模式断面図

（東海地方の例）

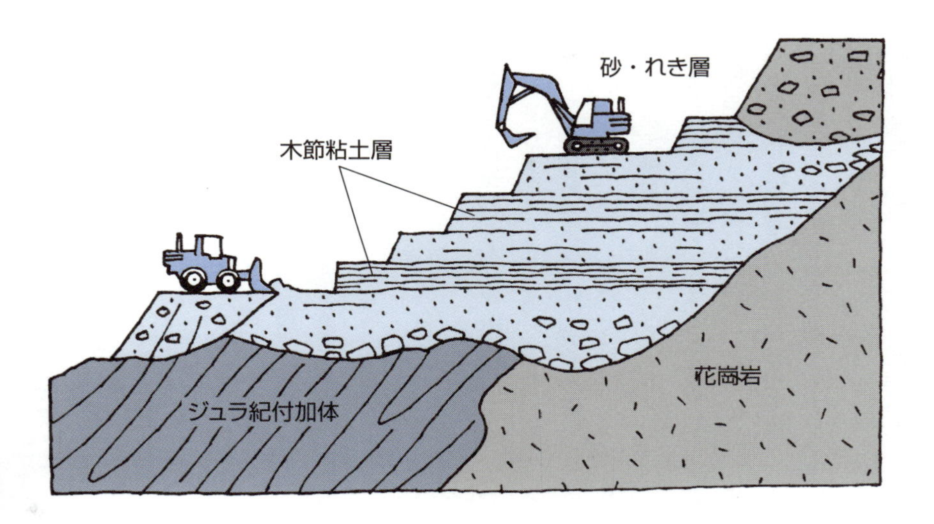

火山性の泉山陶石鉱床の地質断面図

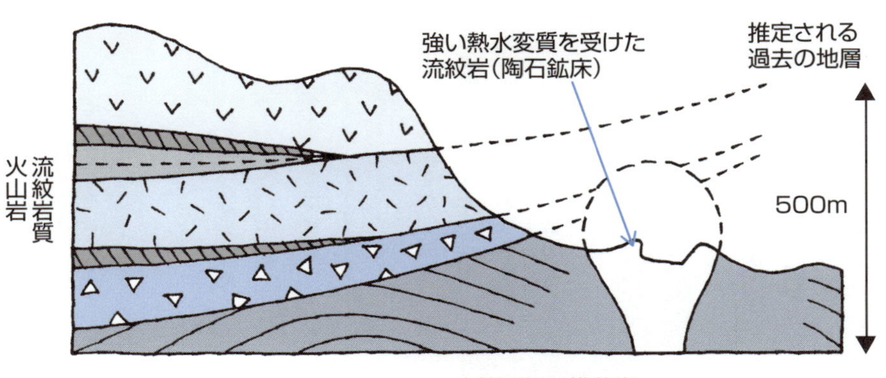

古第三紀の堆積岩

43 墓石や建築材など多様に利用

石材—代表は花崗岩—

石材とは、加工して土木・建築材、墓石、石碑、石像などに用いられる岩石のことです。模様（石目）、色合い、硬さ、時間による色合いの変化などによって、高級なものから安価なものまであります。石材となる岩石の種類は様々ですが、花崗岩、安山岩、凝灰岩、大理石などがあります。

花崗岩石材は墓石や建築材として多く用いられており、誰もが目にしたことがあるでしょう。石材で有名な御影石とは、本来は兵庫県神戸市御影地区の花崗岩石材のことです。その後、花崗岩石材を○○御影石と呼ぶことが定着してしまったので、本場のものは本御影石と言って区別しています。ちなみに、黒御影石は、花崗岩ではなく閃緑岩やハンレイ岩です。花崗岩石材は日本各地に産地があり、粒が細粒で磨くと美しい艶が出る庵治石（香川県）や、桜色のカリ長石が特徴的な万成石（岡山県）などが有名です。明治時代以降には建築物の西洋化に伴い、建築材としての石材の需要が増えました。例えば、最高裁判所、国会議事堂、東京駅といった建築物には稲田石（茨城県）と呼ばれる花崗岩石材が使われています。

火山岩もまた石材として利用されています。安山岩の中では高級墓石として本小松石（神奈川県）が有名です。凝灰岩は墓石にも用いられますが、加工しやすさ、軽さ、保温性、耐火性を活かして建築材にも用いられてきました。流紋岩質溶結凝灰岩である大谷石（栃木県）は、石材としては珍しく大部分が坑内掘りで生産されています。

明治時代以降は西洋化に伴って、大理石も普通に石材に用いられるようになりました。大理石とは結晶質石灰岩のことです。石灰岩が熱変成を受けて、炭酸カルシウムの結晶が大きく再結晶してできます。ただし屋外で使用すると、雨で表面が少しずつ溶かされてしまいます。雨、風、日差しに強いという意味でも、花崗岩は石材に適した岩石と言えます。

要点BOX

●石材とは、加工して土木・建築材や墓石などに用いられる岩石のことで、模様、色合い、硬さ、などにより値段が決まる

茨城県の稲田花崗岩の石切場

表面が研磨された稲田花崗岩の石材

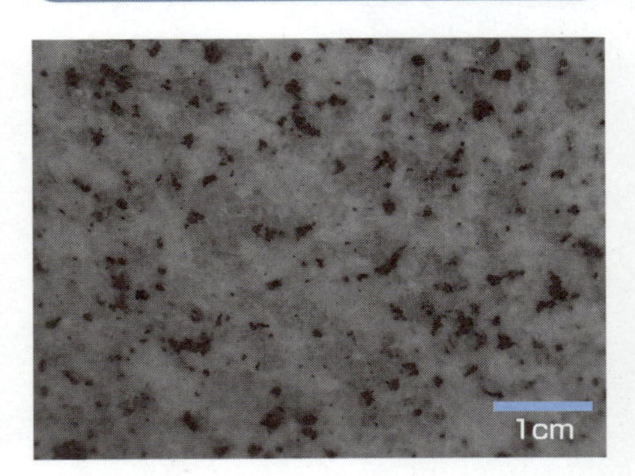

灰色で透明の鉱物は石英、白色部の鉱物は長石、黒色の鉱物は黒雲母。

稲田花崗岩で作られた看板

Column

鉱物資源になる化石

化石は17で述べた燃料資源以外に、金属・非金属資源にもなります。

石灰岩は炭酸カルシウムを主成分とする岩石で、生物起源のものと化学的に沈殿したものがあります。生物起源の石灰岩は主に有孔虫、ウミユリ、サンゴ、貝類、石灰藻などが堆積してできたものです。日本では石灰岩は北海道から九州まで主に付加体に伴って分布しており、古生代のものが多いですが中生代やより若い時代のものもあります。石灰岩は日本で自給できる数少ない地下資源の例で、セメントの原料や製鉄材料などとして近代的な国土の建設に必須の役割を果たしてきました。

珪藻土は単細胞藻類である珪藻の殻が海底や湖沼で集積したものです。主成分は二酸化ケイ素(シリカ)で、白色ないし黄灰色で細かい葉理が発達していることもあります。珪藻土は沢山の小孔があるので、吸湿剤・保温剤・断熱剤・濾過(ろか)剤などに用いられるほか、コンロや断熱レンガの原料などにもなります。また、ニトログリセリンを珪藻土に吸収させたものがダイナマイトです。日本では主に日本海側の新第三紀の海成層のほか、中部地方以西の湖成層からも知られています。

窒素やリン酸は肥料には欠かせない材料ですが、その材料の一部はグアノと言う主に海鳥やコウモリのフンの化石です。主な産地は南米(チリ、ペルー、エクアドル)やオセアニア諸国です。

宝石になる化石もあります。骨、殻、歯、樹木などが長期間にわたりケイ酸を含む地下水にさらされると、元の組織が二酸化ケイ素に置き換えられることがあります。これはオパールやメノウと同質のものなので、色や模様が美しいものは宝飾品になります。樹液の化石であるコハクも研磨されるなどして宝飾品になります。

形成に副次的に生物活動が関与した金属・非金属資源もあります。例えば、先カンブリア時代に大量に鉄鉱床が形成されたのには、光合成の副産物である酸素が重要な役割を果たしました。

第6章 地質は社会の基盤となる重要なもの

44 普通の人は知らないけれど絶対に必要な地図

土木工事に必須の地質図

地質図はダムや、道路、鉄道などの土木工事には必須の情報です。青函トンネルの掘削に地質技術者が奮闘したことはよく知られています。本当は計画段階で地質図を見た方がリスクは少ないのですが、公共工事の場合、土地買収や政治的要因で作る場所が決められていることも多々あります。そういう時にどういう設計・工法にするかなどを地質の面から検討を行うのですが、地質図はその元になる地域の地質概要を知るために使われます。

通常その地域の最も基本的な地質図として作られるものは縮尺5万分の1で、1kmが2cmに表現されます。しかし、個々の工事には精度が足りません。このため縮尺5万分の1の地質図から、地質の概要をつかみ、それぞれの工事に合わせて詳細な地質図を作って設計に役立てていきます。

高速道路の工事で橋脚が沈んで開通が遅れた、地震で特定の地層の橋脚が被害を受けた、トンネル工事で地質が悪くて工法を変える必要があった、地下工事が地表に影響を及ぼしてしまった、地質を考えないで急斜面を削ったら崩れてしまった、など残念なことを耳にすることがあります。地質図をよく見て、地質を軽んじなければ、回避できたかもしれないことがあったのでは？と思えてしまいます。ただ、これらの不都合もルートありきや予算ありきで計画されたりしたため避けられなかった場合もあります。

これらを避けるためにも日本ではまだあまり行われていませんが、計画段階から地質の専門家が議論に参加し、地質図を元にして計画を立ててほしいものです。これによって地質にまつわるさまざまなリスクの回避ができ、工事の安全や工事コスト・維持コストの削減になるはずです。現在地質の専門家は土木・建設段階から入ることがほとんどですが、その見識はもっと上流の政策的なところから活用されてよいはずです。

要点BOX

- 土木工事の基本は地質調査からで、計画段階で地質図を使えばリスク・経費軽減ができる

地質図は国土の計画に必須

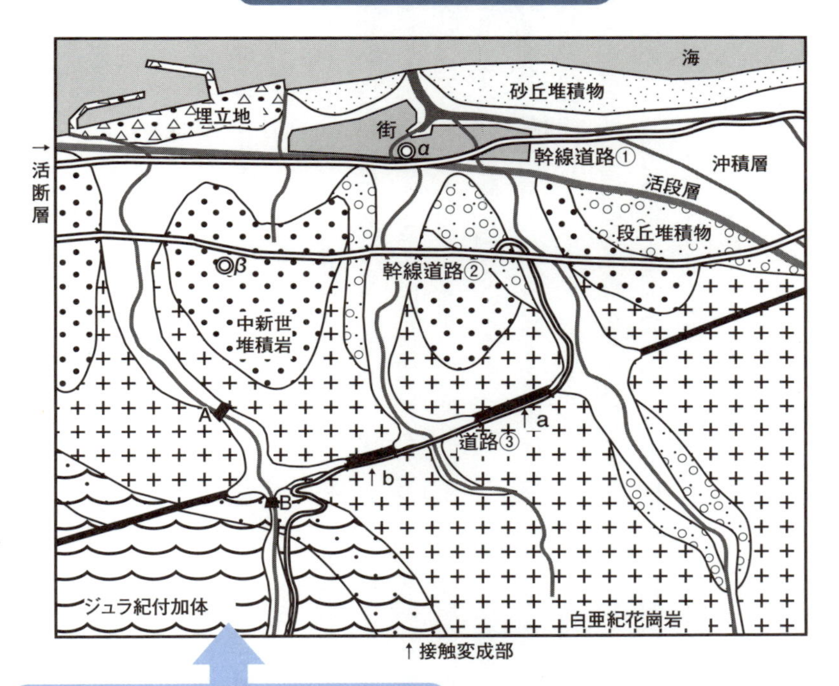

地質図から最初にわかるメリットとリスク

検討1　◎市役所の位置

αの場合、軟弱地盤対策の基礎が必要なだけでなく、津波、洪水、活断層のリスクがある。βの場合、基礎は充分の可能性が高いが、市街地から離れて不便。

■ 検討2　幹線道路の位置

①活断層に沿うためそのリスク、橋脚基礎の十分な検討が必要。市街地には近い。

②台地間をつなぐ橋脚にコスト、その基礎の検討が必要。市街地までの道路が必要。

■ 検討3　山間部の道路③の位置

トンネルa、bとも断層破砕帯近傍で出水、落盤の対策が必要。位置の変更も検討課題

谷筋横断時の土石流対策、付加体の法面の崩壊のリスク(劈開等がある場合)

■ 検討4　ダムの位置

Aの場合表層の風化した花崗岩対策が必要。重力式コンクリートダムか悪い地質にも使えるロックフィルダム。貯水量は広くできる可能性。

Bの場合、接触変成を受けた付加体で強固な岩石のため断層から離れればアーチ式コンクリートダムが使える可能性。大きな落差がとれる可能性

ロックフィルダム(岩屋ダム：岐阜県)

アーチ式コンクリートダム
(奈川渡ダム：長野県)

45 地質図を見て住むところを決めませんか？

それは非常に大事なこと

地質図は私たちがどこに住むか？についても重要な示唆を与えてくれます。東日本大震災以降、ようやくその重要性が理解されるようになりました。

まず気にしたいのは、地質図で完新世（約1万年前～現在）の地層（沖積層）とされている場所です。これらは現在の河が運んできた土砂が堆積したものや、縄文時代に今より海水面が少し高かった時（縄文海進）に堆積した軟弱な地層でできています。

前者はもともと川原で、川の位置を堤防で固定して人間の活動域にしていますが、氾濫すれば川に戻ります。後者は海岸沿いの平野に多く分布します。約2万年くらい前の最後の氷河期の時（最終氷期）に海水面が今より120mほど低い時期があり、今の平野の多くの所に谷が刻まれました。その後7000年ほど前の縄文海進で今より海水面が数m高くなり、内陸部まで海が侵入して細粒の堆積物がたまりました。このため地表では平坦でも、地下に非常に軟弱な地層で埋められた谷がしばしば隠れています。

こういう場所では、マンションのような高層建築はもちろん、一戸建てでも、不同沈下や地震時の液状化を回避するために、地盤調査とそれに基づく設計、基礎工事が必要です。マンションで基礎杭が建物を支える硬さの地層に届いていなかったことが問題になったのは記憶に新しいところです。また、地震時に電気、上下水道等のインフラが自宅周辺で崩壊しては生活ができないので、その時にどうするかも準備がいります。

そのほかに蛇紋岩や結晶片岩などの地すべりを起こしやすい地層、高層建築に影響を及ぼす長周期地震動が起きやすい地層の発達地域など、地質図から災害の可能性を知ることもできます。

地質に関わる災害の発生間隔は人間の一生を越える場合が多く、発生間隔と自分の残りの人生、生活の便利さ、様々な対策費や価格を天秤にかけて、納得のできる住みか選びをおすすめするのです。

要点BOX

- ●地質図を見て住むところを決めましょう
- ●平野の低地には地下に目に見えないリスク
- ●その土地のリスクと価値を天秤にかけましょう

住みかを決めるための地質図

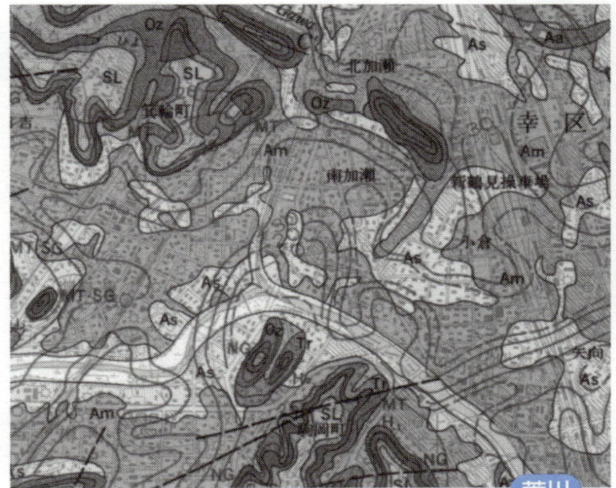

地質図に表された沖積層の基底の標高。地表では川沿いの平坦地だが、最近の氷河期(最終氷期 : 約2万年前)に海水面が下がってにできた谷が地下に隠れて、そこを1万年より若い軟弱な地層が埋めている。地表の地質の表現では地下が表現できない場合、沖積層基底の等高線などで表現される(5万分の1地質図幅「東京西南部」の例)。

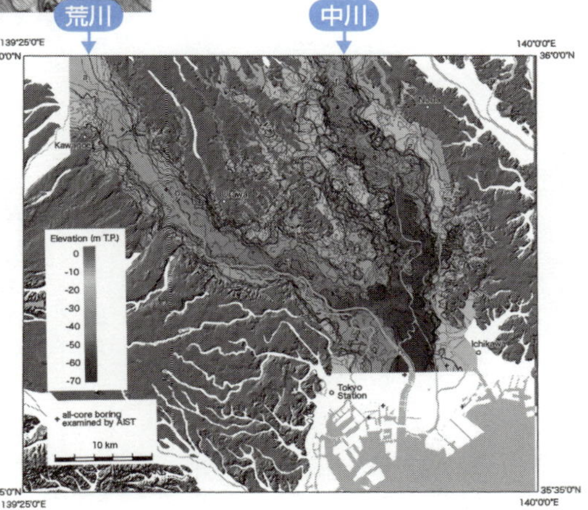

日本の平野のうち川沿いの低地では地下に、最終氷期にできた谷が隠れている。右は関東平野の例。中川、荒川の下に谷が隠れていることが知られている(小松原、2014)。
こういったところは軟弱地盤となり、液状化対策や建物の基礎の充分な検討が必要である。

マンション等の高い建物の場合、充分な硬さの地層まで基礎杭が届く等の地質に応じた充分な基礎の必要がある。

住宅の場合も地質に合わせた基礎の選択や地盤改良が必要。液状化で家が傾くことは避けたい。

46 地球の水の起源と資源的価値

水の惑星？

私たち日本人は普段、水について深く考えることは、ほとんどありません。蛇口をひねれば、おいしくて安全な水が簡単に手に入ります。またよほどの渇水の年でない限り、使う量が制限されることもありません。私たちは小学校の理科の教科書に掲載されている暗闇の宇宙にひかる青い地球を見て、地球は〝水の惑星〟だと信じています。しかし、水は最初から地球上に存在していたわけではありません。

できたばかりの地球は〝原始地球〟と呼ばれ、隕石の衝突によって作り出されたマグマが覆う真っ赤な〝火の惑星〟でした。その後、とても長い年月を経て、マグマから出た水蒸気が雨となって焼けた岩石を冷やし、少しずつ地球は現在の形へと変化していきました。現在、地球上の表面積のおよそ7割が水で覆われています。これはとても膨大な量のように感じますが、実は地球全体の質量の0・02%でしかありません。このことは水が地球を覆う非常に薄い膜のような存在であることを示しています。

また、地球上に存在する水の内、実に96・5%は海水などの塩水で、塩分を含まない淡水はわずか3・5%にすぎないのです。しかもその内の半分は北極や南極にある氷床とよばれる氷の塊で私たちが利用することはできません。したがって、私たちが利用可能な淡水は、地球上に存在する水の1・5%程度で、そのほとんどが実は地層の中にある地下水です。このわずかな水を私たちは〝水資源〟として利用しています。

地球は〝水の惑星〟であると同時に〝水資源に乏しい惑星〟という二面性をもっています。実際にこの〝乏しい水資源〟をめぐって世界中で争いが起こっています。20世紀は石油の世紀、21世紀は水の世紀という言葉が示すとおり、私たちが生きていく上で欠かすことのできない水資源をどう地球全体で管理していくのかが私たち人類にとって無視できない課題なのです。

要点BOX

●地球の水は、地球全体の質量の0.02%でしかなく、しかも私たちが利用できる淡水は地球上に存在する水の1.5%程度

111

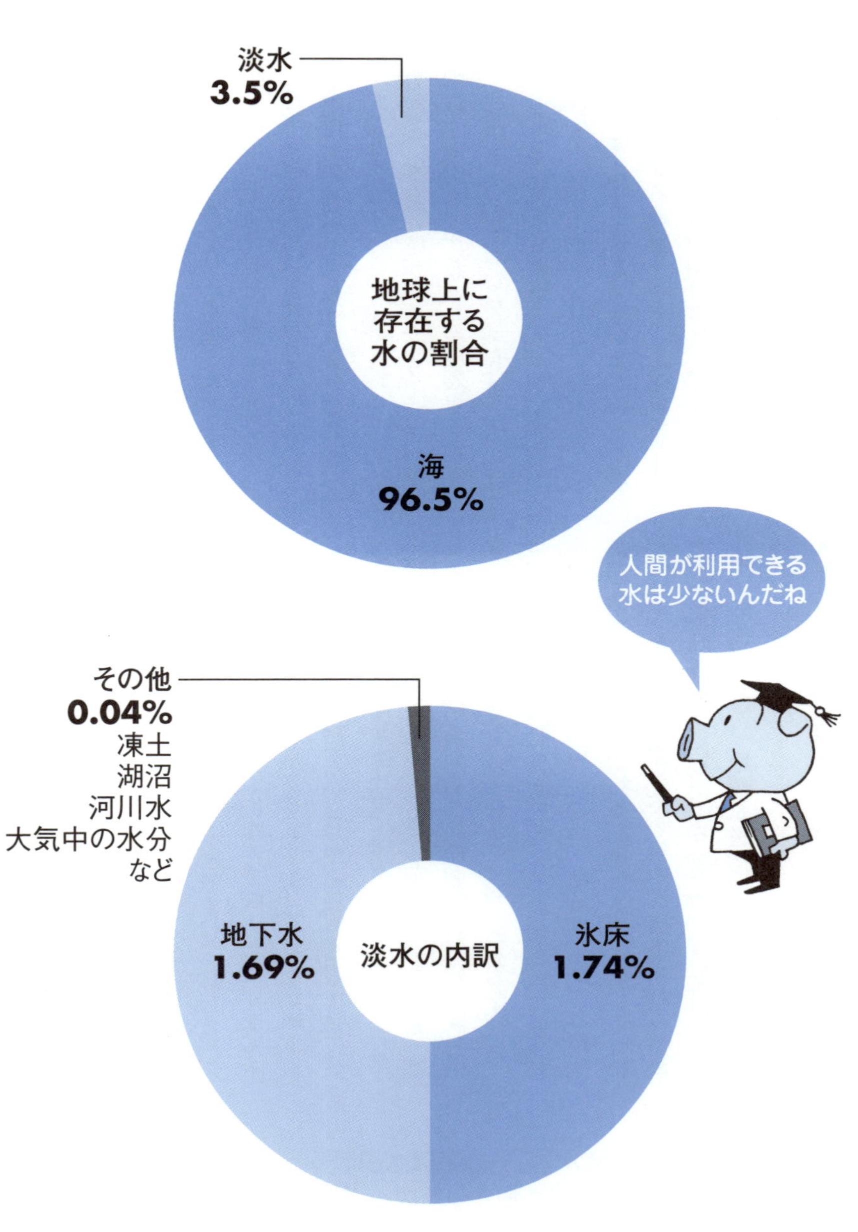
地球の水はどんな水?
淡水
3.5%
地球上に
存在する
水の割合
海
96.5%
人間が利用できる
水は少ないんだね
その他
0.04%
凍土
湖沼
河川水
大気中の水分
など
地下水
1.69%
淡水の内訳
氷床
1.74%
出典：沖（2012）「水危機　ほんとうの話」を参考に作成

47 地下水という名の水資源

最も消費される地下資源

地下水は世界で最も消費されている地下資源であり、その量は年間で原油のおよそ200倍にもなります。なぜ世界中で地下水がこんなにも使われるのかというと、地下水が地球上の利用できる淡水資源の約99%を占めているからです。

日本を含む雨季に多量の雨が降るモンスーンアジア地域では、現在、河川水に代表される地表水を主な水資源として利用しています。しかしこれらの国々は世界的に見ると非常に稀有な存在です。日本国内では上水道が発達する昭和中期まではどこの家庭や地域でも井戸水として地下水を使っていましたが、過剰な汲み上げに起因する地盤沈下や、工場排水ならびに農薬・肥料などからの汚染により、現在では地下水を飲用水として利用する地域は非常に限られてしまいました。その結果、私たちが日常の生活で地下水について考える機会はめったにありません。しかし私たちが利用している大きな河川の水も、その源流は山肌から染み出した地下水ですし、私たちがスーパーやコンビニエンスストアなどで購入しているペットボトルに入ったミネラルウォーターもほとんどが地下水です。このように地下水は今でも私たちの生活に貴重な水資源として密着しています。

地下水資源の特徴として年間を通して温度が一定であること、河川水のように短期間の気候の変動に左右されないことがあげられます。今、日本国内では、地下水の持つこの特性を利用して、地下水の熱（地中熱）を冷暖房に利用する地中熱利用に関する研究が進んでいます。地中熱を利用することで、これまでの冷暖房システムよりも大気中に排出される熱量を大幅に削減することができるため、再生可能エネルギーの一つとして、地球温暖化抑制への効果が期待されています。地下水は水資源として、今後ますます私たちの生活に深くかかわってくることが予想されます。

要点BOX

●大きな河川の水も、その源流は山肌から染み出した地下水であり、購入しているペットボトルに入ったミネラルウォーターもほとんど地下水だ

地下水の使い方の変化

過去

地下水そのものを利用

現在

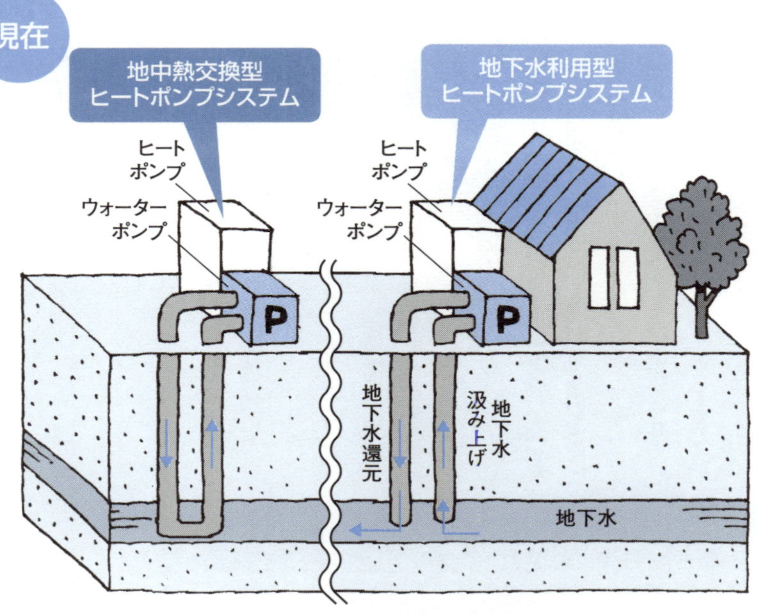

地下水の熱だけを利用

48 更新型資源と非更新型資源ってなに？

地下水資源の特徴

地下水を含む天然資源には、リサイクル可能な更新型資源とリサイクルのできない非更新型資源の2つがあります。鉱物や石油・石炭などの非更新型資源は、どれだけ上手に利用しても将来枯渇することがわかっています。一方で、食料や木などの更新型資源はその特性を理解し、うまく利用すれば半永久的に利用することが可能です。

一般的に地下水資源は、過剰な汲み上げさえ行わなければ枯渇することがない更新型資源だと考えられています。たしかにある程度まとまった雨が降る地域では、地下水は常に涵養されるため、上手に利用すれば枯渇することはありません。しかし、砂漠に代表されるアフリカやオーストラリアの乾燥地域では雨が降らないため、地下水は将来的には枯渇します。このような地域では地下水資源は非更新型の資源なのです。雨の降らない乾燥地では、川の水がないため、地下水を利用しているという現象は一見、当たり前のようですが、大きな疑問点を持っています。それは地下水の源である雨が降らない地域になぜ地下水が存在するのかということです。これらの乾燥地における地下水の正体は、地球が氷で覆われていた氷期と言われる時代に降った雪や氷が溶けて地下に浸透したものなのです。したがってこれらの地域では、現在、貯留されている地下水を使い切ってしまうと地下水は枯渇してしまいます。

現在、多くの先進国とは反対にアフリカやインドなどの途上国では人口が増え続けています。人口が増加すると、食料需要も増加し、食料生産のために地下水消費量も増加します。2050年にはアフリカで最も深刻な水不足が生じることが予想されています。非更新型の地下水資源によって支えられているアフリカの国々にとって、今後、どのように人口増加に伴う地下水需要の増加と向き合っていくのかは、避けては通れない喫緊の課題となっています。

要点BOX

●天然資源には、リサイクル可能な更新型資源とリサイクルのできない非更新型資源の2つがあり地下水資源はその両面を持っている

地球上の帯水層分布

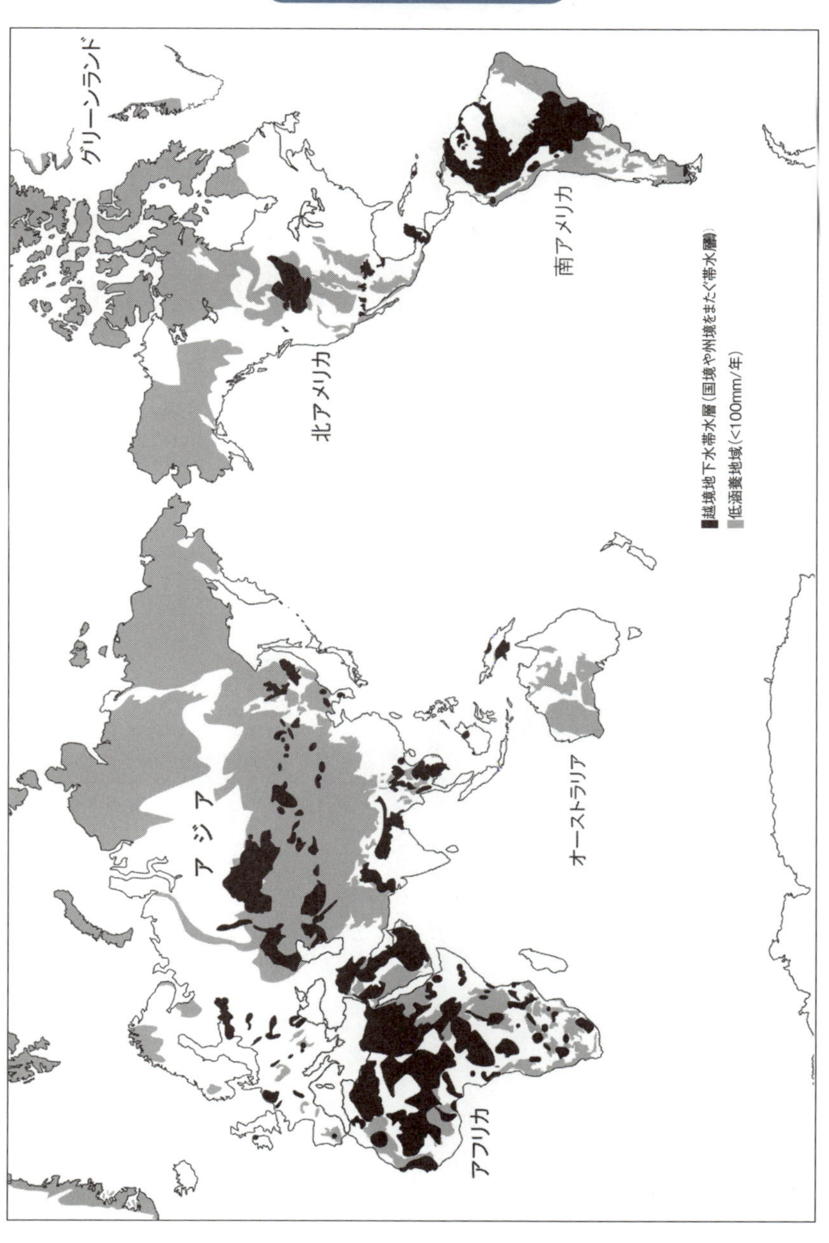

出展「IGRAC,2015による」

49 海と陸の地球化学図と自然放射線量

地質図と重ねてみてみる

地質図では、地層・岩石の種類だけでなく相互関係を示すために断層、褶曲などの記号や、蛇紋岩、デイサイトなど聞き慣れない岩石名、アルビアン期などの時代名が出てきます。このため、難解と思われることも多いことでしょう。しかし、元素分布に限れば、地球化学図は専門外の方でも理解が可能です。

本来は地質図からそれぞれの地質区分の岩石を採取して分析すればよいのかもしれませんが、膨大な作業です。このため比較的少ない試料数で広域をカバーできる一般的な方法として、河川堆積物を採取して、径180㎛以下の粒度の試料を化学分析してつくる手法を地球化学図の作成には用いています。

地球化学図は「海と陸の地球化学図」として販売されているほか、専用のホームページでの閲覧、地質図Navi で地質図と重ねて見るなどができます。

先進国では環境問題の観点から地球化学図が注目されるようになってきており、日本でも法改正によって掘削等の人手が入ったものは自然の岩石でも環境汚染への対策が求められるようになってきました。また、土壌汚染などにおける有害物質の分布と拡散状況を知る必要性もでてきました。また自然界にはもともと特定元素の濃度の高い鉱床のような地域があり、環境汚染を正しく評価するために、自然起源の元素のバックグラウンド値を正しく把握する必要もあります。これらの基礎資料として、広域図とはいえほぼ全国カバーされている地球化学図は有用な情報となります。

地質図Navi で地質図と重ねて見ると、例えば蛇紋岩にクロムを含む鉱物が多く含まれるため、その分布域はクロムが高く表示されることがわかります。地質との関係はほかにもありますので、いろいろな元素分布と地質図を重ねて見ましょう。またカリウム、ウラン、トリウムの値から、地質からわれわれが浴びる放射線の量を計算することができ、東日本大震災後との比較の重要な指標となりました。

要点BOX
- 地球化学図は日本列島の地質を元素分布で示し、環境汚染などの指標に
- 地質図と重ねると元素の起源がわかる

地球化学図の表示

https://gbank.gsj.jp/geochemmap/
クロム(Cr)を表示したところ。

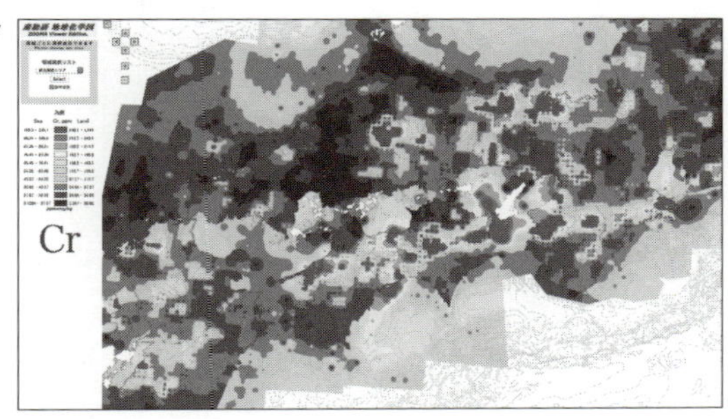

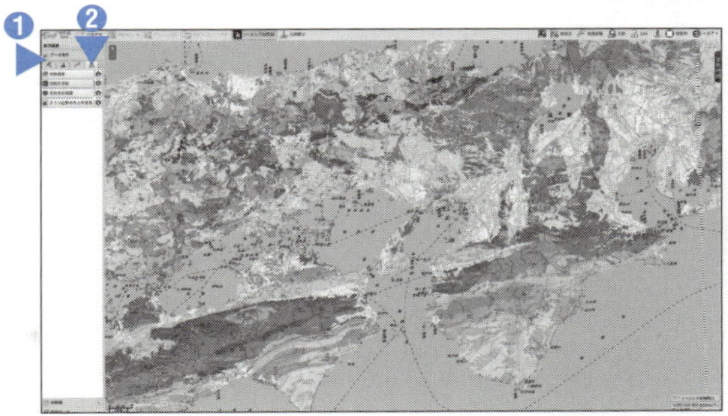

地質図Naviで地質図と重ねる方法
https://gbank.gsj.jp/geonavi/
から、❶データ表示のあと❷フラスコマークのタブを表示。

③地球化学図を選択し、地球化学図が表示されたら、目的の元素(この場合❹Cr)を選択。
地質図の蛇紋岩(この図では濃い灰色)の分布と密接に関連。

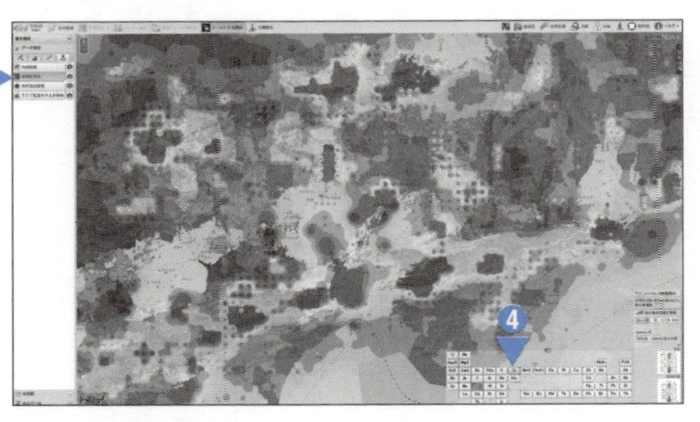

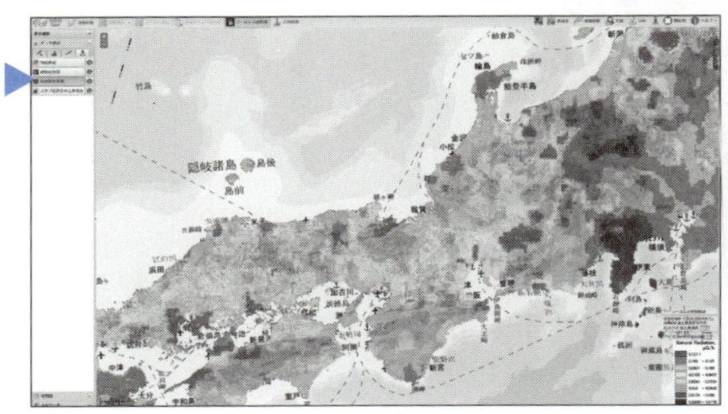

自然放射線量を選択。
U、Tr、Kの量より計算したもの。
ある特定の花崗岩の分布域と重なる。

50 地球内部の熱を使って発電する

地熱資源

地球内部は地表に比べて高温です。例えば、火山がない地域でも地温勾配が3℃／100m程度あります。これは100m掘るごとに温度が3℃上がるということです。火山地域だとこの地温勾配はさらに高くなります。このような地球の熱エネルギーを、地熱流体（蒸気および熱水）を介して電力エネルギーに変換するのが地熱発電です。

日本では活火山のそばに地熱発電所があります。火山地域の地殻浅部（深度およそ10km以下）には600～1000℃程度のマグマ溜りが存在します。地中に染みこんだ天水（雨水）がマグマによって加熱され、200～300℃程度の高温の地熱流体となります。この地熱流体が水を通しやすい岩石に集まり、それが水を通しにくい帽岩（キャップロック）で留められることで地熱貯留層をつくります。地熱流体は密度が小さいため、透水性の岩石や割れ目があると自然に地表に噴出し、温泉となります。

地熱発電所では、深さ1～3km程度の蒸気井（生産井）を通して地熱貯留層から取り出した地熱流体を気水分離器に運び、蒸気と熱水に分離します。蒸気はタービン（羽根車）へと運ばれ、残りの熱水は還元井を通じて地中へ戻されます。タービンは蒸気の圧力を回転する力に替え、発電機を回して電力を作ります。地熱流体が中低温の場合、蒸気で直接タービンを回すことができないため、水より沸点が低い熱媒体を蒸気にしてタービンを回す方法もあります（バイナリー発電）。

地熱発電の熱源となるマグマ溜りは長期間高温であり、熱を運ぶ流体のほとんどが雨水起源であるため、地熱は再生可能エネルギーの一つです。石炭や石油といった化石燃料を燃焼させる火力発電に比べて二酸化炭素の排出量が非常に少ない利点があります。そして、日本の地熱資源量はアメリカ、インドネシアに次いで世界第3位と見積もられています。

要点BOX
●地熱発電にはマグマ溜り、雨水起源の地熱流体、水を通しやすい岩石と通しにくい岩石が必要であり、活火山のそばが好条件である

日本の主な地熱発電所の分布と火山フロント

地熱発電の模式図

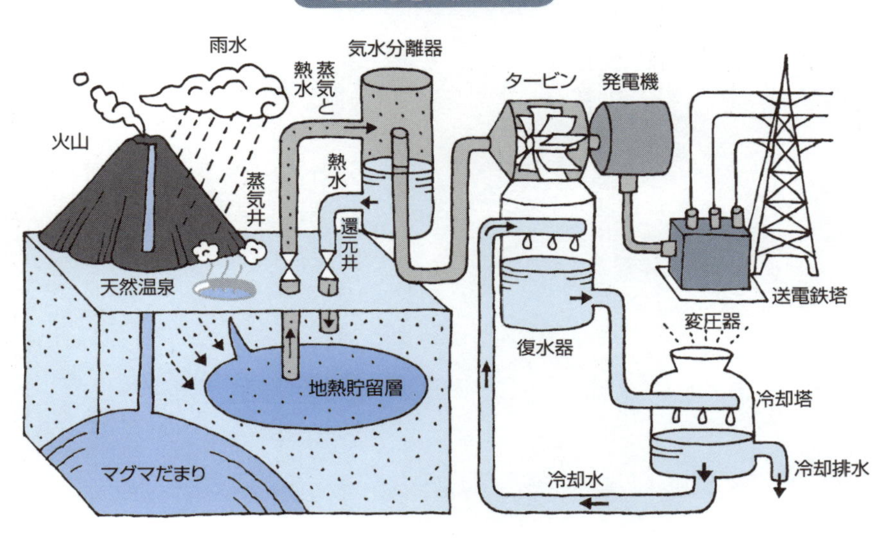

Column

県の石、国の石

国や自治体のシンボルとなる樹木や動物があります。日本の場合、国花は桜と菊、国鳥はキジです。各都道府県でもシンボルとなる動植物が大抵決まっています。日本は複雑な地質学的な背景を反映して、地域ごとに特徴のある地質が分布します。これらの中には天然記念物や景勝地となっていたり、産業に役立っているものが沢山あります。ところが国の石、県の石というものは長らくありませんでした。

そこで日本地質学会は、市民に地域の地質を身近に感じてもらい、大地の性質や成り立ちに関心を持って、大地とうまく付き合っていく助けとなるように、2014年8月に「県の石（都道府県の石）」を選ぶ公募を開始しました。そして、全国47都道府県について地域の意見と学術的な重要性を考慮して、2016年5月10日（「地質の日」1参照）に、「県の石」の選考結果を発表しました。県の石には、その都道府県に特徴的に産出する、あるいは初めて発見されたなど、地域とゆかりの深い岩石・鉱物・化石がそれぞれ一つずつ選ばれました。

例えば北海道の場合、「岩石」はかんらん岩、「鉱物」は砂白金、「化石」はアンモナイトです。花崗岩（類）のように複数の県（茨城県、岡山県、広島県、高知県）で「県の石」に選ばれたものもあります。金（砂金、自然金）は宮城県、新潟県、鹿児島の三県で「県の鉱物」に選ばれています。恐竜化石が「県の化石」に選ばれた例も兵庫県、福井県、熊本県の三県あります。各都道府県の「県の石」の説明や写真は日本地質学会のホームページなどで見ることができます。また、その多くは、茨城県つくば市にある産業技術総合研究所地質標本館で展示されています。

また、日本鉱物科学会は2016年に「ひすい」を「日本の石」に選びました。日本で広く知られている国産の美しい石であることや、日本列島のようなプレート沈み込み帯で特徴的に形成されることなどがその理由とされています。

第7章

地質がつくる摩訶不思議な絶景

51 美しい風景の裏側には地質がある

地質と観光・ジオパーク

この10年程前までは、地質が観光に役立つという考え方はほとんどありませんでした。明治時代、19世紀後半に日本にナウマンらが西洋の地質学を持ち込んだ時は、鉱産資源を開発して国力を上げることを目的に地質図が作られました。長くその時代が続いたのですが、戦後高度成長期になると、セメント原料になる石灰岩や骨材となる岩石の調達に地質図は重要な情報となりました、その後、活断層や火砕流の認識が進むと、防災の観点を加えた地質図が作られるようになりました。また、地下水などに特化した環境を意識した地質図も作られるようになりました、しかし、地質図の利用方法に観光・風景の観点はありませんでした。

それでも21世紀になると、各地でジオパークの活動が始まり、地質図に示されるような地層・岩石の素性がジオパークを支える基本情報として重要視され、観光としての用途が日本でもようやく生まれてきました。

ジオパークは「大地の公園」ともいい、地球を学び楽しむことができる場所のことで、見どころとなる場所は「ジオサイト」といいます。このジオサイトの意味を地質図は説明してくれます。それを教育やジオツアーなどの観光活動などに活かし、地域を元気にするとともに、誇りの持てる地域になるよう活動していくのです。

来訪者は、ジオパークにおいて、地層・岩石が形成された後、隆起・浸食の過程で地質の違いによってさまざまな地形ができ、その上に植生ができていくまでの自然景観の形成プロセスと、それに想像を超える長い年月かかっていることを知り、その上に人間の歴史が作られ、文化が育まれていることを学びます。

このように私たちは地球の上に生きているが故に、その根底に地質があり、自然の景観は当然のこと、文化まで影響を受けていることを、ジオパークから感じて頂けたらと思います。

要点BOX

●風景を作り出すのは地質。地質図は地層ができてから今の風景ができるまでの過程を教えてくれる

日本のジオパーク

● ユネスコ世界ジオパークUNESCO Global Geoparks
● 日本ジオパークJapanease Geoparks
● ジオパークを目指している地域

ジオパークの概念

人間社会・産業・文化
生態系
地形・景観
地質

よく知って誇りを持つ ▶ 保護＆活用する活動 ▶ 地域振興

お金が回ることで持続的活動に

ジオパークでは、地質によって、隆起・浸食の違いにより、様々な地形(景観)ができ、その上に生態系が発達し、人間はその上で生活している。

まずはそのことを地域の方々がよく知って誇りを持つことが重要。そして保護と活用を両立することによって、ジオツーリズム等につなげ、お金の回る仕組みをつくることによって、持続的な地域振興に貢献する。

筑波山地域ジオパークの例

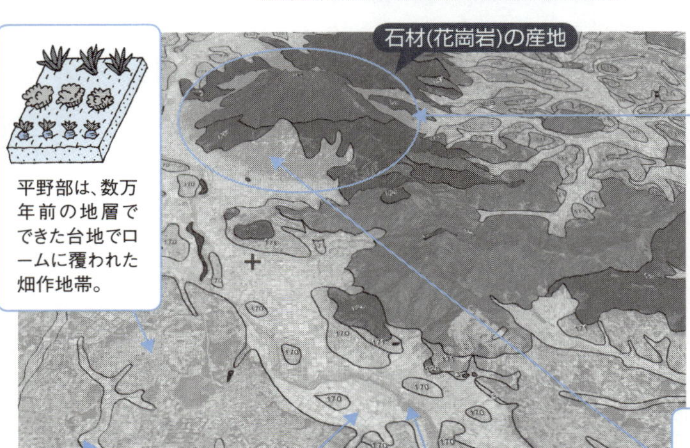

平野部は、数万年前の地層でできた台地でロームに覆われた畑作地帯。

筑波山は上部が浸食に強い斑れい岩、下部は浸食に弱い花崗岩のため上部の方が切り立った山となる。関東平野に突き出た山で抜群の眺望、ロープウェイ、ケーブルカーで登ることのできる一大観光地。

台地を削りこんだ低地は水田に。

筑波山の北西側を源流とする桜川は約3万年前までは日光から流れてくる旧鬼怒川だったため、その川原だった低地は広い。

筑波山神社のご神体が筑波山そのもの。

52 地質は地形、植生、風景、人間社会の「基礎」

地質が表すもの

私たちは、地球の上で生きています。地質とは地球の性質なので、その上で起こる様々な事象のすべての基礎になっています。地質の違いによって、地形が違ってきます。みなさんが目にする風景は地形の違いを見ているのですが、その「形」は、硬い岩石、軟弱岩石、また地層の向き、断層の位置など、多くは地質の違いに支配されています。

地形の違いは、標高による気温の違い、季節風による風上風下の違いなど気候にも影響し、これによって植生も違ってきます。屋久島は中央部が花崗岩で周囲を接触変成を受けた岩石で囲まれているので浸食に耐えて高山となり、亜熱帯から冷温帯までの植生があるのが知られています。また、岩石が特殊な成分の場合、例えば炭酸カルシウムでできた石灰岩やマグネシウムに富む蛇紋岩では、独特の植生が知られています。また、石英分でできたチャートはほとんど風化せず崖になり、土壌も発達しないことから植生が限定されるなど、地質によって直接植生が限定される例はほかにもあります。このように地質が異なることによって、山があって植生があってという風景も異なります。

また地質が違えば、植生や農業にも大きな影響を与えます。シラス台地のような火砕流による火山灰地でさつまいもの栽培が盛んなのはよく知られています。果樹のように土壌より下に根を張るものはもちろんのこと、土壌も地層・岩石の風化物や風成堆積物（日本では火山灰が主体）で、地質の影響を受けています。さらに植生が異なることによって、住むことのできる動物も異なります。人間も、鉱業は地質の影響を直接受け、住処、交通、農業・漁業は地質による地形の影響を受けます。さらに農業は地質の影響を受けた土壌や気候の影響を受けます。地質図は地質の違いによって、私たちの生活・文化まで影響を受けていることを、示しているのです。

要点BOX

●地質は地形を支配し、気候や植生に影響し、鉱業、農林水産業など人間活動にも影響している。地質は人間の暮らし・文化の根底

自然の風景は地質が作る

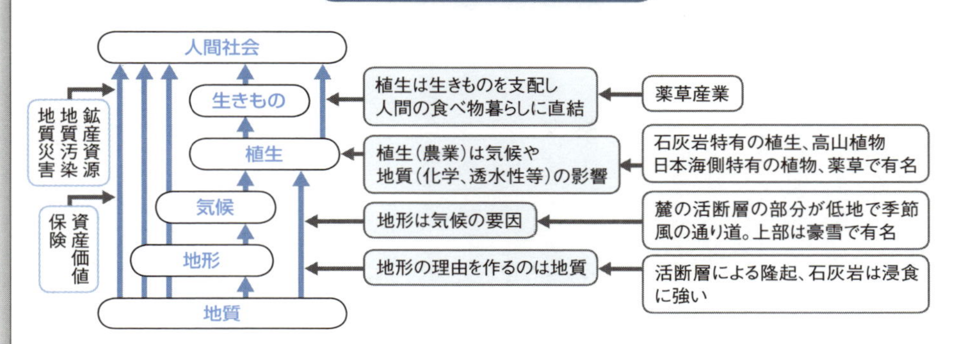

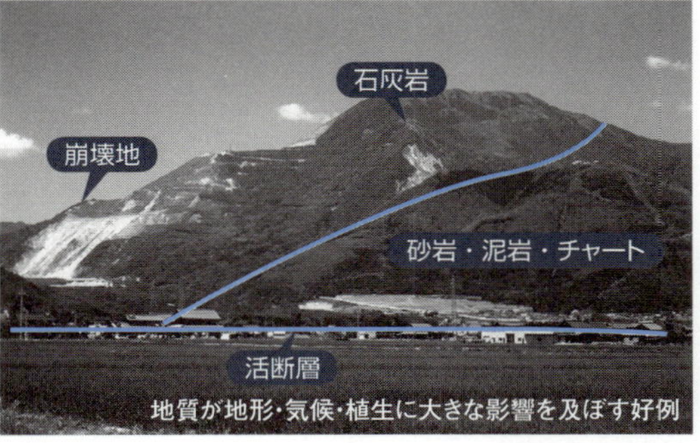

地質が地形・気候・植生に大きな影響を及ぼす好例

- 巨大な石灰岩が砂岩・泥岩・チャートなどの地層の上に低角西傾斜の断層で重なる（写真左が西）。
- 麓には活断層があって伊吹山（1377m）側が上昇。
- 西側は古い断層による破砕で崩壊地。

地質は農産物の適地にも影響する

さつまいもの産地、鹿児島県～宮崎県のシラス台地
シラス＝姶良カルデラから噴出した火砕流による火山灰（約2.8万年前）→風に乗った火山灰は関東でも10～20cmの厚さがある。

53 マグマが冷却されてできた名勝

柱状節理

地下の高温で岩石が溶けた状態のものをマグマといいます。マグマが噴火で地表に流出したものや、それが冷えて固まったものは溶岩と呼ばれます。マグマや溶岩が冷却される際には体積が縮小して、節理と呼ばれる割れ目ができます。これが柱状に発達したのが柱状節理で、六角柱状のものが多いですが五角柱状や四角柱状のものもあります。柱状節理が崖に現れると柱を束ねたような奇観を作ることがあり、天然記念物に指定されているものもあります。

日本の柱状節理の中では、兵庫県北部の山陰海岸国立公園にある玄武洞が有名で、最大の高さは70mもあります。石柱の断面が6角形で亀甲に似ていることから、江戸時代後期の儒学者によって、亀の甲羅を持つ中国の神獣「玄武」に因んで「玄武洞」と名付けられました。岩石名称の「玄武岩」は、明治になって「玄武洞」に因んで付けられました。

玄武岩以外では、高さ100mにも及ぶデイサイトの柱状節理がつくる「小原の材木岩」（宮城県白石市：国の天然記念物）、輝石安山岩がつくる「東尋坊」（福井県坂井市：国の天然記念物及び名勝）、阿蘇火砕流堆積物の溶結凝灰岩がつくる「高千穂峡」（宮崎県西臼杵郡高千穂町：国の天然記念物及び名勝）などが有名です。映画「未知との遭遇」で宇宙船の降り立つ場所として有名なデビルスタワー（アメリカ合衆国・ワイオミング州）は、柱状節理が発達した斑状のフォノライトで、麓からの比高は386m、頂上の広さは91m×55mもあります。

節理はマグマや溶岩の冷却面と垂直に発達します。地表を流れた溶岩は表面と底面（地面との接触面）が冷却面になるので、地面から直立した節理が多くなります。溶岩流の先端が折れ曲がった部分は曲がったり横倒しになったりした節理もできます。節理に沿って切り出しやすい岩は、古くから石材に使われてきました。

要点BOX

●柱状節理が崖に現れると柱を束ねたような奇観を作ることがあり、天然記念物に指定されているものもある

奇観をつくる柱状節理

世界遺産になっている柱状節理、北アイルランドのジャイアンツ・コーズウェイ（Giant's Causeway：巨人の石道）。約6000万年前の玄武岩。

提供：産総研 渡辺真人博士

兵庫県豊岡市の玄武洞（国の天然記念物）。約160万年前に噴出した玄武岩溶岩が固まったもの。

提供：産総研 渡辺真人博士

54 海岸の地形に刻まれた巨大地震

海成段丘（海岸段丘とも）は海岸沿いに台地状、または海岸から陸側へ順番に高くなる階段状の地形です。階段の平坦面は、海面付近の浅い海底で波で削られるなどしてできた地形が陸化したものです。平坦面どうしの間の段差を作る急崖は、海岸が波で浸食された崖（海食崖）です。平坦面が陸側で急崖と接し地形が立ち上がる境界線が、かつての海岸線です。

海成段丘は、その地域が隆起していることを示しています。これは、世界的な海面の上下変動と局地的な地殻変動が組合わさった結果です。日本では海成段丘は北海道東部の太平洋岸、東北地方の三陸海岸北部のほか、南関東、東海地方、四国などの海岸で突き出た岬や半島、南西諸島の一部などによく発達しています。特に四国東部の室戸岬近辺のものは標高が高く、約12・5万年前に作られた海成段丘の一番高いところは標高200m近くもあります。東京から高知へ行く飛行機は着陸準備のために室戸岬周辺では高度を下げていますから、晴れている日にはこの段丘が右手によく見えます。

岬や半島に見られる海成段丘は主に相模トラフ、南海トラフ、琉球海溝といったプレートの沈み込み境界に面しています。巨大地震のたびに陸地が数十cmから数m隆起し、それが累積することで海成段丘が発達したと考えられます。

房総半島南部では、1703年の元禄関東地震（M8・2）と1923年の大正関東地震（M7・9）で隆起した段丘地形がよく見えます。隆起量は房総半島の南部ほど大きく、半島の南端部では元禄地震で6m、大正地震で2mもありました。この地域にはさらに古い時代に隆起した段丘地形が何段も見られます。一つ一つの段差は小さいもので1・5m前後あります。この階段状の地形は棚田や畑として利用されています。こうした海成段丘の研究からは、地震の繰り返し間隔や規模の推定も行われています。

要点BOX

●かつての海底が陸に現れている海成段丘は、その地域が隆起していることを示している

高知県室戸市に分布する海成段丘

一番広い平坦面は約12.5万年前に形成された室戸岬面Ⅰで、旧汀線高度が高いところで170 mもある。その山側にはより古い時代の段丘面もあるが、尾根状に侵食されて面の保存はよくない。

提供：産総研 谷川晃一朗博士

千葉県館山市見物海岸

1923年大正地震と1703年元禄地震よる隆起を示す2段の海岸段丘。海面付近で波で削られてできた波食棚が現在では標高2m付近と5m付近に隆起している。

55 地層が作る風景の代表作、大小の縞模様

ミクロから巨大なものまで

　地質が作る風景の代表の一つは大小の縞模様です。ここでは堆積岩の作る縞についてお話しします。縞は地層の断面が見えているもので、実際には板状の地層がたくさん重なっています。バームクーヘンの断面に見える縞（生地の重なりが縞に見える）と同じです。地層を作る鉱物の色やサイズ、風化や浸食に対する強さなどの違いが縞となって見えます。

　縞の幅や長さも様々です。数㎜程度より薄い縞を葉理（ラミナ）、厚いものを層理と呼びます。葉理にはルーペや顕微鏡で見ないとわからない微細なものもあります。葉理が良く見える地層の代表は、湖の地層です。酸素が少ない深い湖底では地層をかき乱す生物がいないので、細かなラミナが残ります。栃木県の那須塩原には塩原湖成層という約30万年前に堆積した地層が分布しています。この地層を河川が浸食してできた崖では厚さ数㎜程度のバーコードのような縞模様が綺麗に見えます。白っぽい縞は大繁殖した植物プランクトン（珪藻）の遺骸が沈殿したもので、黒っぽい縞は火山灰層や洪水で湖に流れ込んだ砂層などです。同じ崖には厚さ数十㎝の縞も見え、これは洪水や土石流の堆積物と思われます。九十九里海岸北部の屏風ヶ浦では、縞のある高さ数十mの崖が何キロも続いています。これは主に海底で堆積した砂岩や泥岩、火山灰層が作る縞模様です。

　真っ直ぐなものだけでなく、規則的あるいは不規則に曲がりくねった縞もあります。空から降下する火山灰は、地面の凹凸を覆って堆積するので、地面に沿った縞ができます。伊豆大島の道路沿いでは、こうしてできた曲がった縞が見られます。できたときは真っ直ぐな縞でも、後で押し曲げられることもあり、これは褶曲と言います。プレートが衝突する境界などでは、地球の巨大な力で縞々の地層が幾重にも折り曲げられた大規模な褶曲が見られます。

要点BOX

●地層の縞の幅や長さは様々で、数mm程度より薄い縞を葉理、厚いものを層理と呼ぶ。葉理にはルーペや顕微鏡で見ないとわからないものもある

砂浜の断面に見られる縞模様

粒子の大きさや種類（色や密度が違う）などの差が縞として見える。黒っぽい縞は砂鉄が多く、白っぽい縞は石英など色の薄い鉱物や貝殻の破片が多く含まれている。水流で運ばれる間に、重い砂鉄と軽い石英や貝殻などが篩い分けられて縞を作っている。

塩原湖成層の縞模様。細かい白っぽい縞は主に珪藻が集積したもの。灰色の厚い縞は、洪水で川から湖に流れ込んだ砂層や、近くで火山が噴火したときに降下した火山灰層。

56 流れの方向がわかる堆積構造

カレントリップル

水や風の流れで堆積物の表面にできる波状の凹凸をベッドフォームと言います。ベッドフォームの内部に見られる粒子の配列が作る構造を堆積構造と言います。よく見かけるのは干潟の表面の波模様（リップル）や砂丘です。ベッドフォームは形成時の条件によって形や大きさが様々で、波長が数cm程度の小さなものから数十mを越える大規模なものまであります。

ベッドフォームや堆積構造の中には、遠い過去に起こった流れの向きを復元できるものがあります。それには、河川のように一方向への流れでできた構造（カレントリップル）が適しています。砂層が堆積した川底は地層の表面に魚の〝ウロコ〟か瓦を並べたような模様ができていますが、それのことです。〝ウロコ〟の部分の断面は、〝へ〟の字型をしていて、流れの下流側が急斜面、上流側が緩斜面になっています。

隣のページの下の写真で上流側から流れてきた粒子は、水流によって緩い斜面に沿って運び上げられます。上流側斜面に堆積していた粒子の一部が浸食されて運び上げられることもあります。斜面の上端に達した粒子は、下流側の急斜面へ滑り落ちて下流側へ傾く葉理を作ります。上流側で浸食された粒子が下流側につけ加わっていくので、〝へ〟の字型が全体として下流側へと移動して行きます。これは風でできる砂丘でも同じです。

地層の断面には、このような〝へ〟の字型の構造が見られることがあります。水流や風の向きが変わると、斜面の形も追従して変わるので、それが繰り返すと複雑な形のベッドフォームができます。

この緩斜面と急斜面の関係は、地球以外の場所にも適用できます。しばらく前にNASAの火星探査機（マーズ・リコネッサンス・オービター）が送ってきた火星表面の写真の中に、砂丘も写っていました。そこでも緩斜面と急斜面のセットが見られ、火星で吹いている風の方向が読み取れました。

要点BOX

●ベッドフォームや堆積構造の中には、遠い過去に起こった、水や風の流れの向きを復元できるものがある

カレントリップル

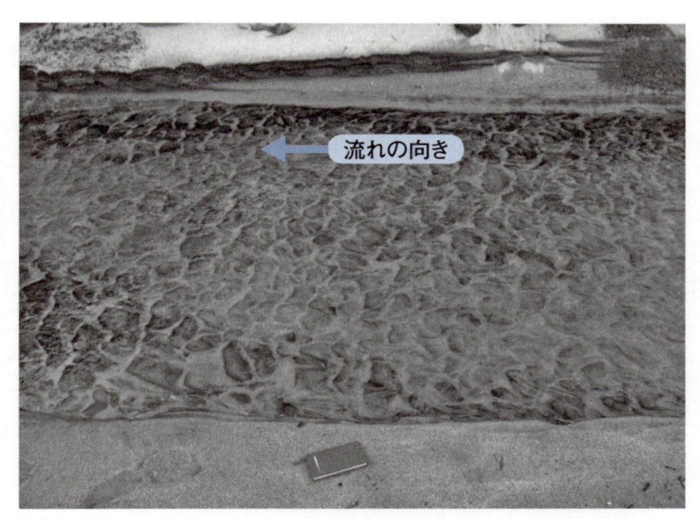

川底に見られるウロコのようなカレントリップル。黒い部分が緩斜面、白い部分が急斜面。

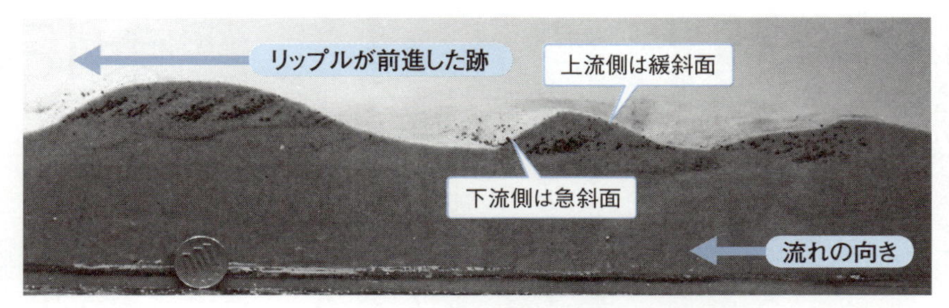

水路で砂と水を流して作ったカレントリップル。"への字型"の断面には下流側へ傾く葉理ができている（上の写真と流れの向きが同じになるように、写真を左右反転させている）。

57 日本最長の断層は九州東部から関東まで

中央構造線

中央構造線は日本最長の断層です。中央構造線の南側には、プレートによって地下深部まで引きずり込まれてできた高圧型の変成岩（三波川変成岩）が露出しています。ところが、北側には、地下数km程度でゆっくり冷えて固まった花崗岩や、その熱によってできた高温型の変成岩（領家変成岩）が広がっています。どちらの岩石も、白亜紀の中頃（1億～7000万年前）に作られました。成因のまったく異なる岩石が中央構造線を境に接しているので、名前に構造線と付けられているのです。地質学においては、中央構造線の北側（大陸側）を西南日本内帯、一方、南側（海溝側）を西南日本外帯とよんでいます。

中央構造線は九州東部の佐賀関半島から四国や紀伊半島を横切り、東は関東地方まで続いています。断層運動によってもろくなった岩石は河川によって侵食されやすいので、中央構造線に沿ってはまっすぐな谷地形や崖が発達しています。吉野川から紀ノ川に続く東西方向の谷地形も、中央構造線によるものです。

東西に延びる中央構造線は、赤石山地で北に向かって大きく湾曲しますが、その東側の関東山地では、今度は北西・南東方向に向きが大きく変わっています。中央構造線だけでなく、西南日本外帯の地層群の分布も、同じように漢字の〝八の字〟のように湾曲しています。関東対曲構造として古くから知られているこの構造は、1500万年前以降に伊豆諸島が南から衝突してできました。

中央構造線は関東平野で地下に潜ってしまいますが、ボーリング調査によって千葉県の成田付近まで続いていることが確認されています。ところが、そこから中央構造線の痕跡が、まったく途絶えています。130年ほど前にドイツ人地質学者ナウマンが発見・命名した中央構造線の謎は、今でも解き明かされていない日本の地質学の難問のひとつです。

要点BOX

●中央構造線は日本最長の断層で、この線を境にまったく成因の異なる岩石が接しているが、その成因は現在でも謎

中央構造線に分断される西南日本の外帯と内帯

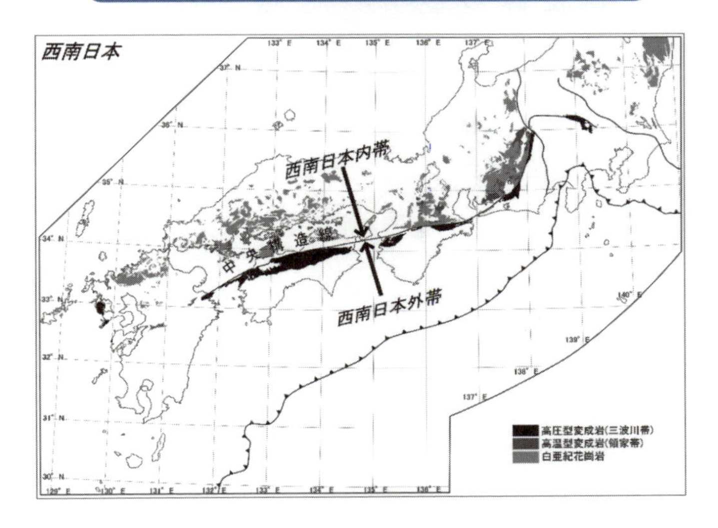

湾曲する中央構造線

A 伊豆・小笠原弧の衝突による本州中央部の湾曲構造

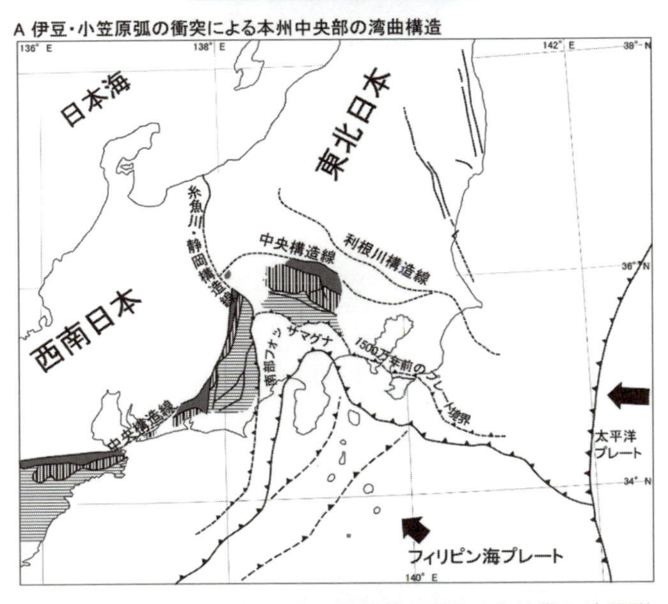

本州中央部で北に湾曲する中央構造線と西南日本外帯の地層群(三波川帯、秩父帯、四万十帯)。1500万年前以降に伊豆諸島が南部フォッサマグナ地域で衝突して形成された。

58 フォッサマグナ

日本列島形成時の非常に深い基盤の凹み

フォッサマグナはドイツ人地質学者のナウマンが発見・命名した、本州中央部を南北に横断する基盤の深い凹みです。その西縁は糸魚川–静岡構造線（断層）で、西側には飛騨山地や赤石山脈など、主に古生代から中生代の基盤岩からなる高い山がそびえています。一方、東側（フォッサマグナ側）には、新生代の厚い地層が分布しています。仮にこの新生代の地層を取り除いたなら、フォッサマグナは非常に深い基盤の凹みになるのでナウマンは注目したのです。現在では、おおよそ諏訪湖を境に、南側の南部フォッサマグナと北側の北部フォッサマグナに区別されています。

南部フォッサマグナは赤石山脈と関東山地に囲まれた範囲で、丹沢山地や御坂山地を構成する海底火山噴出物と、関東山地など周囲の基盤の山地からもたらされた堆積岩から構成されます。前者はもともと伊豆諸島の海底火山で、フィリピン海プレートの北上によって本州に衝突・付加しました。丹沢山地はおよそ500万年前に関東山地に衝突し、伊豆半島は100～200万年前から丹沢山地に衝突し続けています。

これに対し、北部フォッサマグナは日本海が拡大した2000～1500万年前に形成されました。大陸から分離した西南日本は時計回りに回転し、東北日本は反時計回りに回転しながら南下しました。そのとき、西南日本と東北日本は蝶つがいで繋がったままそれぞれが回転したのではなく、西南日本に対して東北日本がより東側にずれながら移動してきたと考えられています。火山活動域の端を示す当時の火山フロントは、西南日本では日本海側に続いていますが、北部フォッサマグナを越えて東北日本側に入ると太平洋沿岸に沿って連続しています。日本列島は大きくずれながら移動してきたのです。その間に広がった地溝帯が、北部フォッサマグナで、その東の境界は、利根川構造線と考えられています。

要点BOX

●フォッサマグナは本州を横断する基盤の深い凹みで、現在では南部フォッサマグナと北部フォッサマグナに区別されている

フォッサマグナ

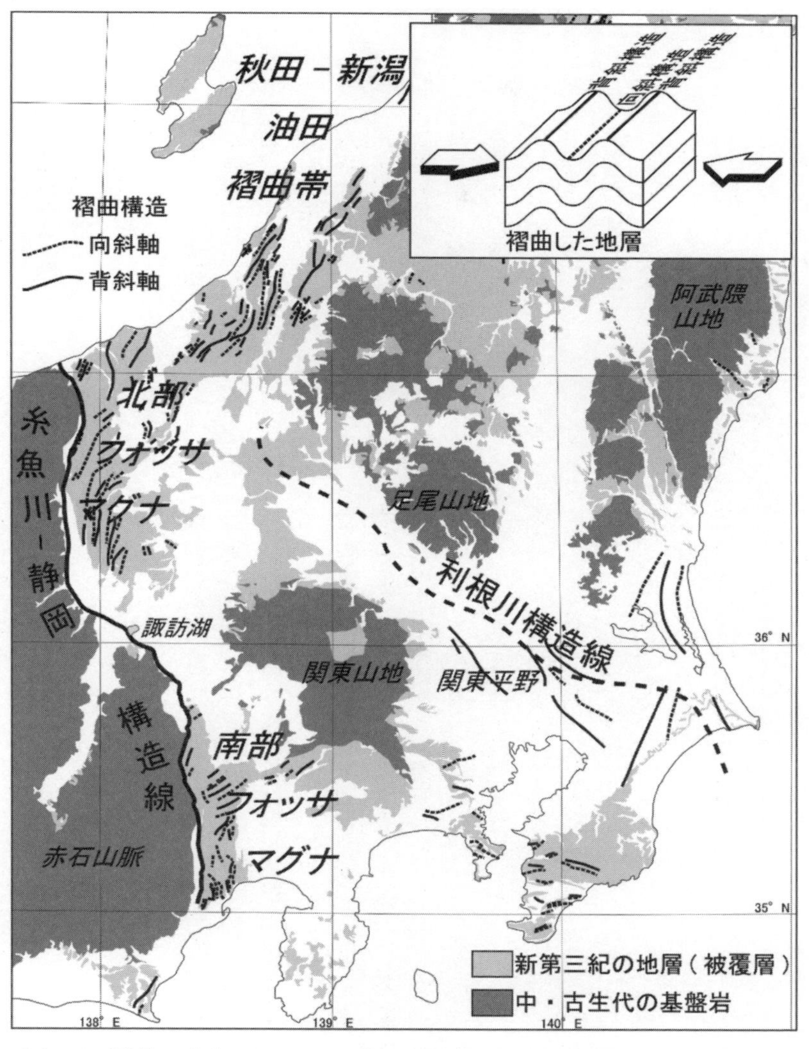

ナウマンが発見・命名したフォッサマグナは、形成時期と成因が異なるので、現在では南部フォッサマグナと北部フォッサマグナに区別されている。いずれも新生代の厚い地層が堆積していることが特徴（基盤が深い）。北部フォッサマグナは北に秋田ー新潟油田褶曲帯に漸移する。

Column

台地と低地…坂と崖の風景

日本の海岸平野の多くは海沿いの低地と陸側の台地のコントラストが明瞭です。低地は最終氷期以降の1万数千年間に海や川の作用で堆積した地層、台地は主に中期・後期更新世に堆積した地層からなります。典型的なのは関東平野です。東京都心を含む東京低地と西側の台地との境界は高度差20m前後の急な崖になっています。これは縄文海進時の海岸線や河川の浸食できたものです。東京低地から郊外へ出る道はこの崖を越える必要があり、そのため東京は坂が多い町となっています。

皇居（江戸城）の大部分は約12万年前に形成された台地の北西縁にあり、低地との標高差は最大で20m以上あります。お城は敵が攻め込んできたときの防御拠点であり、また、平時から食糧や武器などを備蓄しておく場所でもありました。敵が近寄りにくく、味方にとっては見晴らしが利く崖の上は戦いに有利です。物資の搬入には、街道や河川などの交通の要衝と連絡が良いことも重要です。平野と崖で接し急に高くなる丘陵は、築城には都合の良い地形です。

大阪城も後期更新世の台地の北東縁に建っています。この上町台地は東西両側にある活断層の活動で持ち上がった南北に細長い土地です。周りの沖積低地から30mほども抜きん出た高まりの角にある大阪城は、周辺に住む人からは実際よりさらに大きく見えたでしょう。大きく目立つお城は領地支配の象徴でもありました。名古屋城は後期更新世の地層からなる熱田台地を川が削った崖の角に建っています。沖積低地との高度差はお城がある辺りで10mほどです。

台地の縁には古墳などが集中している例もあります。静岡県西部の磐田原台地は10万年ほど前の天竜川の扇状地が傾動隆起してできたものです。台地の両縁は河川侵食で高さ10mから数十mの急崖になっていて、その縁沿いに大小の古墳が作られています。祖先が人々の暮らす低地を見下していたのか、それとも人々に古墳の威容を見せ付けるためかもしれません。

海洋にも地質図がある

59 地震の起きるところ、火山のできるところ

プレート大地形

地球の表面を覆う十数枚のプレートは相互に動くために、プレート境界に沿って地震や火山噴火など、様々な地学現象が発生します。反対に、巨大なプレートの内部では、ハワイのようなホットスポットと呼ばれる特別な場所を除いて火山活動がほとんどありません。大陸の縁に位置する日本列島には、太平洋プレートとフィリピン海プレートが沈み込んでいるので、地震や火山活動が活発なのです。

プレートは、海洋プレートと大陸プレートに大別されます。海嶺は2つのプレートが離れていく場所で、その隙間をマグマが埋めて新たな海洋プレートが作られます。海嶺で作られたプレートは両側のプレートに付け加わっていくので、海嶺を対称に海洋プレートが成長していきます。新たに付け加わったプレートは、海水に冷却されながら海嶺から離れていきます。そのため、海嶺から遠く離れたプレートほど深い部分まで冷却するので、プレートは徐々に厚くなっていきます。重いプレートが厚くなると海底は深くなります。大西洋中央海嶺が海底の大山脈をなし、両側の大陸に向かって深くなっているのも、東太平洋海膨から遠く離れた日本列島に沈み込む太平洋プレートが、世界で最も古く厚いために海底が深いのも、海洋プレートの冷却時間を反映しています。海洋プレートの厚さや水深が形成年代（t）の平方根に比例する関係式は、ルートt則とよばれています。

冷却し続けた海洋プレートは、密度の小さい岩石からなる大陸にぶつかると地球深部へ沈み、そこに海溝が形成され、2つのプレートがずれていくので海溝型地震が発生します。海洋プレートが沈み込み続けると、変成作用によってプレート上部（海洋地殻）から水が脱水し、周囲のマントルの融点が下がってマグマが発生します。マグマが上昇して地表に噴出すると火山が形成されます。その結果、上側プレートに縁には、海溝と平行に火山帯が形成されるのです。

要点BOX

●海底の大地形はプレートの冷却時間（年齢）が大きく関係し、冷却し続ける海洋プレートはついには地球深部へと沈み込む

プレートテクトニクス

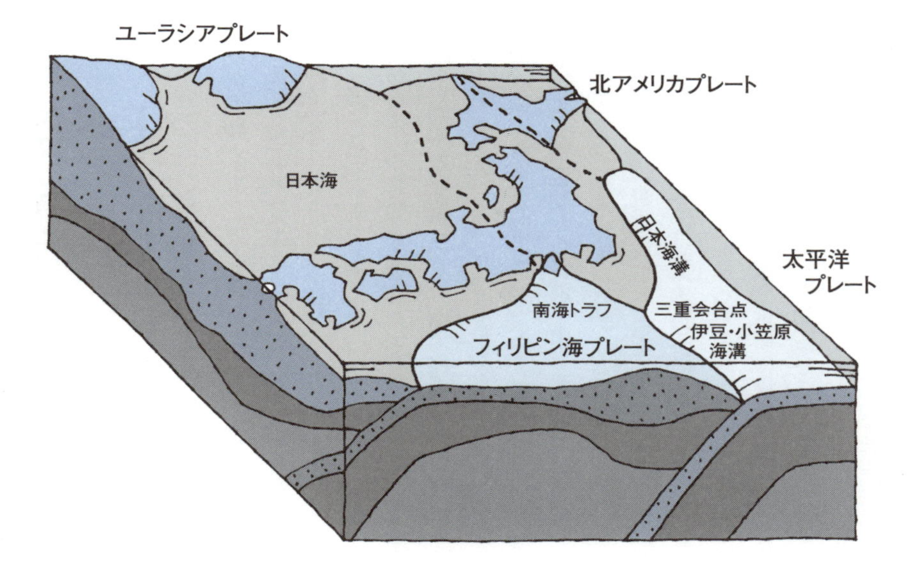

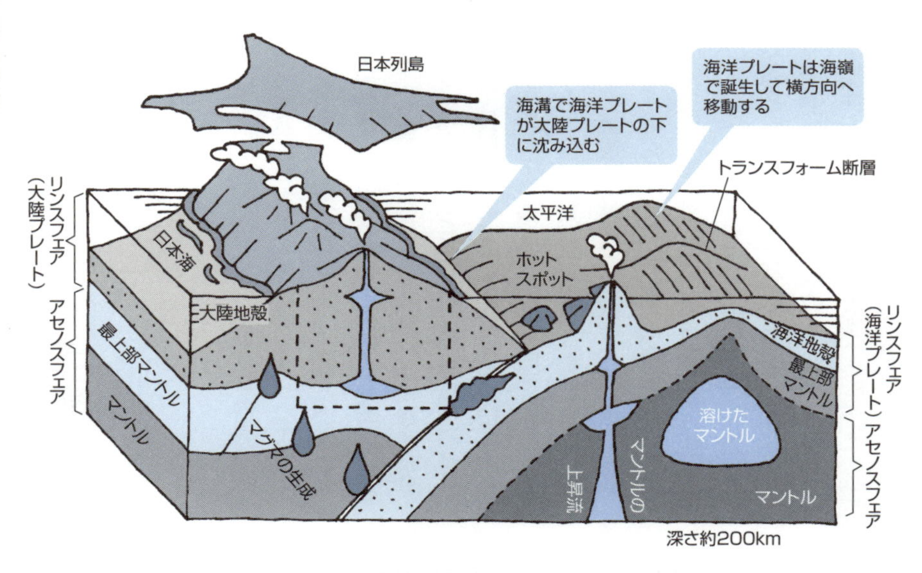

プレートテクトニクスの概念図。海嶺で誕生した海洋プレートは移動しながら冷えて厚くなっていく。重いプレートが厚くなるので、海底は徐々に深くなる。最後に、海洋プレートは軽い大陸の下に沈み込んで行く。その場所が海溝。

60 海を理解して上手につかっていくために

音波で海底下を見る

地球表面の面積を陸と海で比べると3対7の割合で海の方が広いと言われています。また、海にはこれまで利用されていなかった様々な資源やエネルギーが眠っています。だからこそ海底がどのようにできてきたか、その下に何があるのかを知ることがとても大事です。ところが、厚い海水が邪魔になり、海の底を調べることは容易でありません。そこでよく使われる海の底の調べ方の一つが、音波を使ったものです。

海上を航行する調査船から音波を出して海底の様子を調べます。音波は海水中では約1500m／秒の速度で伝わります。音波の伝わる早さは、密度の高い方が大きいので、地層中はもう少し速いスピードで、地層が深くなれば密度が高くなるためにより速く伝わります。この音波は海底表層や地層の境界面(密度の変わる面)で屈折反射してまた船に返ってきます。この波の戻ってくる時間と波形を調べれば、詳細な海底の地形や、地層の重なり方を知ることができます。この時に、何を調べたいかで、使う音の周波数を工夫する必要があります。高い周波数、つまり周期の短い波を使えば、調べることのできる精度を上げられます。例えば、海底の地形の凹凸を数cm～数10cmのオーダーで調べるためには、数10kHz～数100kHzの超音波を使います。ところが、高周波の音はほとんど海底面で反射してしまうために地層中には入り込めません。海底面下の地層の様子を調べるためにはもっと大きくて低い周波数の音を使えば良いわけです。

海底にある石油層やガス層を調べるためには、一般的には数10Hz～数百Hzの低い周波数の音波を使っています。このような調査をすれば、地層が大きく曲がっている様子や地層が切れている様子がわかり、活動的な断層の分布やその変位する状況を知ることもできます。また、海底面下の地層中の資源やエネルギーの賦存の可能性も知ることができます。

要点BOX

●海の底を調べるために、海上を航行する調査船から音波を出して海底の様子を調べる

海底面下の調査手法

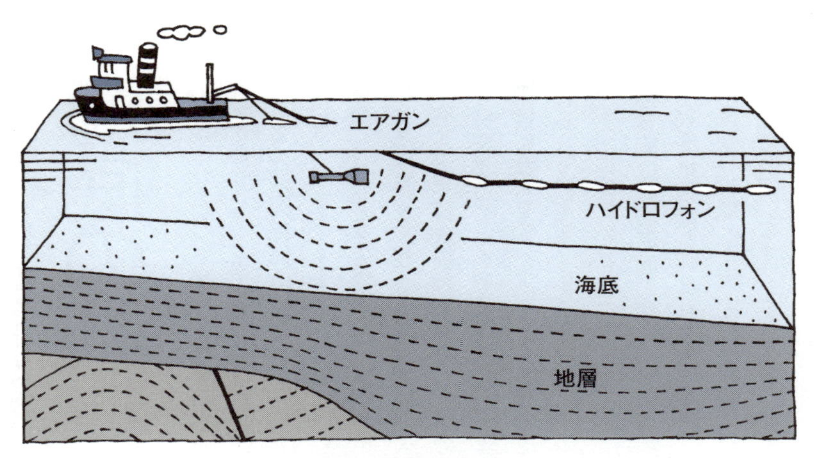

航行する船からエアガンで音を発振。海底や海底面下から戻ってきた音をハイドロフォンセンサーで受け取り、海底面下の地層の構造を調べる。

海底地形を調べている様子

船底についている送受波器から扇状に超音波を発振。音が海底面から返ってきた時間から精密な深さを計測する。

61 ワイヤー1本で海底の試料を採取する

海底の地層を採る

海底の地質を調べるためには、実際に泥や岩石を採って調査する必要があります。海水をどかすことはできないので、いろいろな試料採取方法が考えられてきました。その中には、ワイヤー1本に採泥器を取り付けて行うものから、リアルタイムで海底の様子を見ながら試料を採取する方法まで様々です。遠隔無人探査機（ROV）や有人潜水探査機等も存在し、ものを見ながら試料を採取することもできますが、調査の能率を考えて用途に合わせて、採取する岩石の違いに応じて使い分けられています。ここでは、ワイヤー1本で試料を採取する方法を紹介します。

例えば、海洋地質図には海底面に分布している堆積物の様子を示す表層堆積図と呼ばれる図面があります。これは、海底から採取した沢山の試料の分析結果をもとにして作られています。そのため、能率的に沢山の地点から試料を採取してあげる方法が必要で、それが図に示したグラブ式採泥器です。これは、細いワイヤーで海底まで採泥器を下ろしていき、着底後ふたが閉まって海底表層の堆積物を船上に上げてくるものです。この採泥器には、カメラや海水の計測機器あるいは採水器を取り付けて、同時に沢山の情報を得ることが可能です。これにより、比較的大量の試料を素早く採取することができます。

また、硬い岩石を採取する方法にはドレッジと言う方法があります。重いバケットを海底で引きずることによって岩石を採取できます。

海底表層の地層の積み重なりを知るためには、地中のコア試料が必要になります。重力式コアラーはおもりを付けたトリガーが作動すると、海底面上のある高さでコアラーが作動し、自重で海底面にコアラーがささります。これによってワイヤー1本で長さ（深さ）数mのコアの採取が可能です。海底でも石油掘削のように、船上からある地点で掘削することにより深くまで掘る方法もあります。

要点BOX

- 海底の地質を調べるため、泥や岩石を採って調査する必要があるが、海水をどかすことはできないので、いろいろな試料採取方法が考えられてきた

海底試料の採取方法

グラブ式採泥器

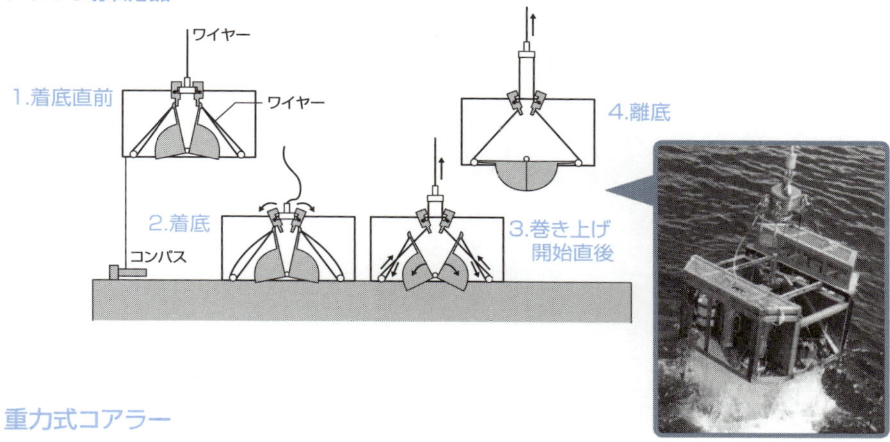

重力式コアラー

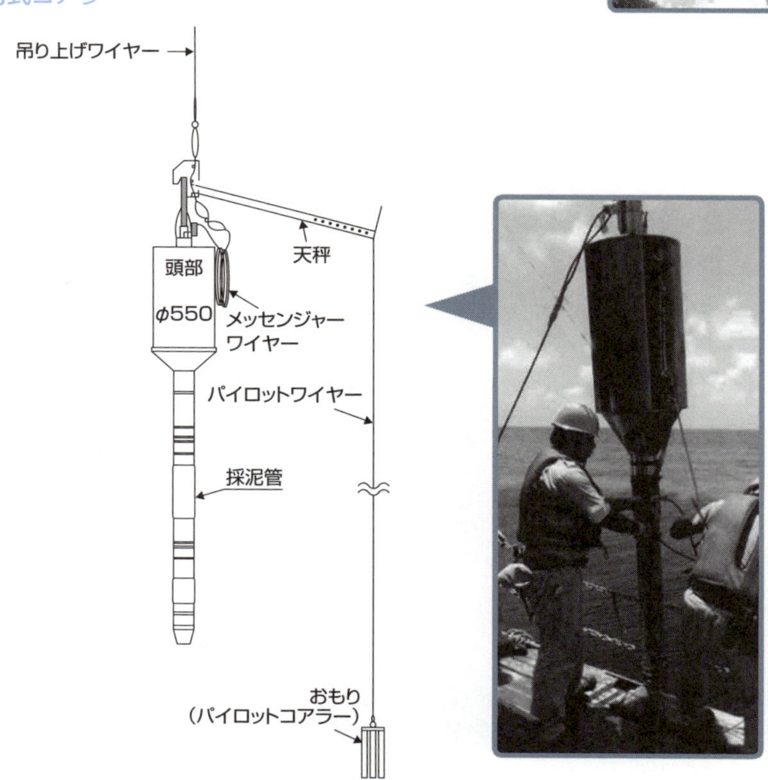

62 地磁気は日本列島の形成史を記録する

地磁気と重力を測る

コンパス（方位磁石）が北を示すのは、現在の地球に地磁気があるからです。ただし、コンパスは真北（真北）を示しておらず、日本では現在4度から10度程度西に偏っています（偏角）。そのため、登山などでコンパスを利用する際、磁針が示す北（磁北）を補正する必要があります。

地磁気は35億年前の岩石にも兆候が認められ、地球史の早い段階から存在していたと考えられます。この地磁気には永年変化と呼ばれる短周期の変動がありますが、長期的にはおおよそ北を示します。過去の地磁気は岩石に記録されており、それらを元に過去の地磁気を研究する分野が古地磁気学です。岩石の年代と岩石が記録している当時の地磁気の方位をもとに、日本海の拡大が復元されました。

さらに、地磁気が不規則に反転する特徴は、プレートテクトニクスの確立に大きく貢献しました。海嶺で形成されたプレートには当時の地磁気が記録され、海嶺で海洋底が拡大する過程で地磁気が反転すると、海嶺を対称とした地磁気の縞模様（海洋底地磁気異常）が観測されます。同じ年代に形成された海洋底地磁気異常を合わせるように海洋底を閉じていけば、海洋プレートの配置を復元することができます。海洋プレートの上に乗っている大陸の移動は、このようにして復元されています。

一方、重力は地下の物質の密度の違いを反映します。地下に密度の大きい物質があると重力は大きくなり、反対に軽い物質が存在すると重力は小さくなります。地球表面の重力の理論値と実際の観測値の差を重力異常とよび、地下構造の推定に活用されています。例えば、古い基盤岩は新しい地層よりも密度が大きいので、地層が厚く堆積している平野では負の重力異常が観測されます。一方、重い鉱物が密集する鉱床が地下にあると正の重力異常として観測されるので、重力測定は資源探査等にも活用されています。

要点BOX

●地磁気は不定期に反転し、コンパスが南を指した時代もあった。古地磁気の記録から大陸の移動も復元可能に

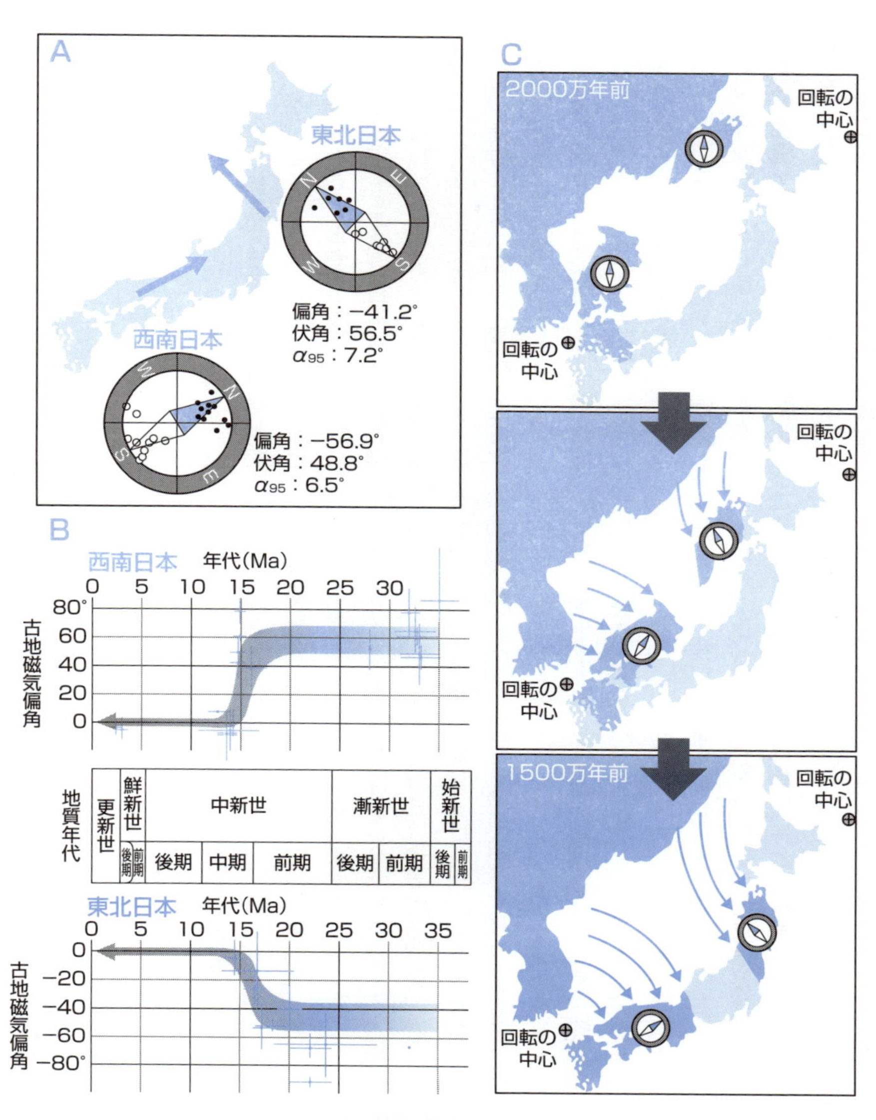

古地磁気によって明らかにされた日本海の拡大概念図

63 大陸棚の延伸

EEZについて

国連海洋法条約では、沿岸国は自国の基線から200海里（約370㎞）の範囲を排他的経済水域（EEZ）とできるとしています。EEZとは天然資源などの探査、開発、管理などを他国から侵害されず独占的に行使できる水域のことです。日本は元々世界第6位の広いEEZを持っていましたが、その外側にはさらに広い海域が広がり、レアメタルをはじめ多くの海底資源の存在が期待されています。資源小国日本にとってその開発は重要な課題です。ただし、EEZ外では勝手に資源の探査などを行うことは国際法上できません。

1994年に発効した「海洋法に関する国際連合条約」により、沿岸国は海底の地形や地質が連続していることを科学的に証明できれば、200海里のEEZを超えて国の基線から最大350海里（約650㎞）まで「大陸棚」を確保できることになりました。ここで言う「大陸棚」とは、海底および海底下を探査し天然資源の開発などに権利を持つ範囲のことで、これは「大陸や島嶼の周りにある平坦で緩やかな傾斜を持つ一般に200mより浅い地形」という地形学・地質学上の定義とは必ずしも一致しません。

2008年11月、日本は200海里を超える大陸棚について精密な海底地調査、地殻構造調査、岩石試料の採取・分析の情報を基に大陸棚限界委員会に「大陸棚」を確定するための申請書を提出しました。同委員会からの勧告（2012年4月）では、申請した74万㎢のうち計31万㎢の大陸棚延伸を認め、残りについては審査が先送りされました。日本は元々のEEZの外側に、国土面積の80％に相当する広さの「大陸棚」を新たに確保することができました。2014年10月1日、前記の2海域（四国海盆海域及び沖大東海嶺南方海域）における延長大陸棚を設定する政令が施行されました。

要点BOX

●1994年、条件を満たせば200海里のEEZを超えて国の基線から最大350海里（約650キロメートル）まで「大陸棚」を確保できることになった

日本の延伸大陸棚の勧告

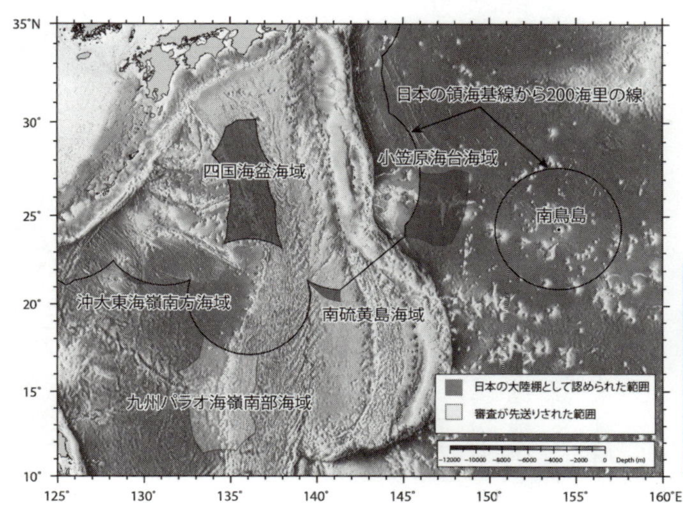

出典：小原ほか（2015）の図2を和訳し、矢印と南鳥島を追記。

大陸棚確定調査は日本政府一体としての取り組みです。産総研地質調査総合センターも、海域の調査から試料の分析・解析、国連への申請書の作成まで協力しました。

国連海洋法条約の大陸棚の定義

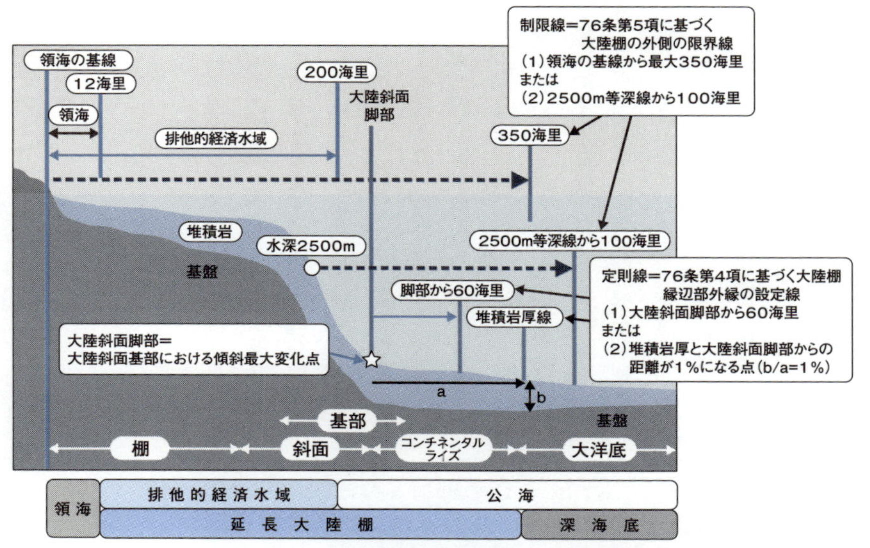

出典：DOALOS（1999）および海洋法条約76条を参考にして作成した岸本（2015）に基づき作成

64 突発的現象による堆積で地層は不連続だらけ

イベント堆積物

地層は安定していて堆積を続けているだけではありません。定常的な堆積が進む時期と、何かの突発的な現象によって急速に堆積が進むときがあります。通常時の堆積物に対して後者をイベント堆積物と言います。例えば、波の影響が小さく河口からは離れた海底を考えてみましょう。通常時はサイズの大きな砂や礫などの粒子は届かなくて、水中を浮遊してきた粘土粒子などが静かに沈殿しています。堆積速度（地層が降り積もる速さ）は、海岸からの距離などで大きく変わりますが、一般的には1mの厚さの地層が堆積するのに数百年から数1000年といったところでしょうか。

ここに洪水や海底で斜面崩壊が起きると、砂や礫などを含む粗粒な堆積物が海底へ急速に流れ下ります。大陸棚や深海ではタービダイトがその代表です。また、火山噴火では火砕流堆積物や火山灰層が急速に堆積します。大きなイベントでは厚さが何mもある堆積物が数時間から数日で堆積します。海底で堆積した地層を見ると、泥岩、砂岩、礫岩、火山灰層などが互層を作っていることがあります。泥岩の部分はゆっくりたまった通常時堆積物で、そのほかは地質学的には一瞬でできたイベント堆積物です。陸源物質や火山灰、タービダイトが届かない沖合の海域を除けば、地層は定常的にできる部分よりもイベントでできる部分の方がずっと多いのです。

地層には目に見えるもの、見えないものを含めて、沢山の不整合（堆積の不連続面）が含まれています。洪水堆積物やタービダイトが下にあった地層を削剥すると、地層が不連続になります。また、海底でも海流などの作用で地層が削剥されることがあります。地質時代の間には地殻変動や海水準変動によって海底が陸化して侵食を受けることもあります。ある地点だけ見ると、地層として実際に残っている部分と言うのは、地球史のうちの一部だけなのです。

要点BOX

●地層は、定常的にできる部分より、突発的現象により、急速に堆積が進むイベント堆積でできることの方が多い

地層は不連続にできる

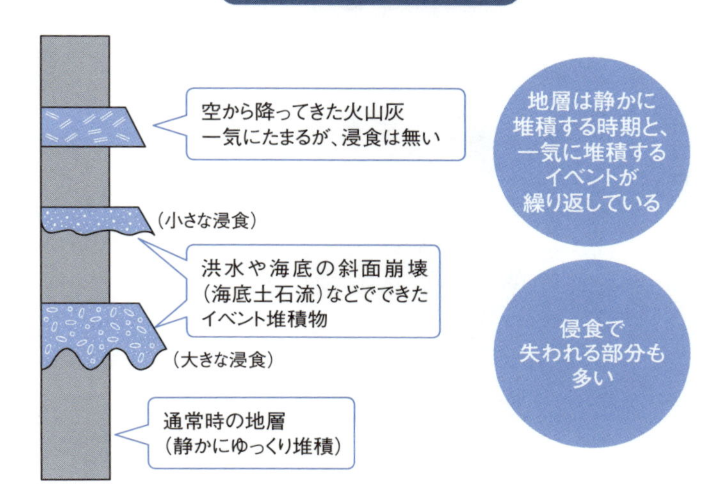

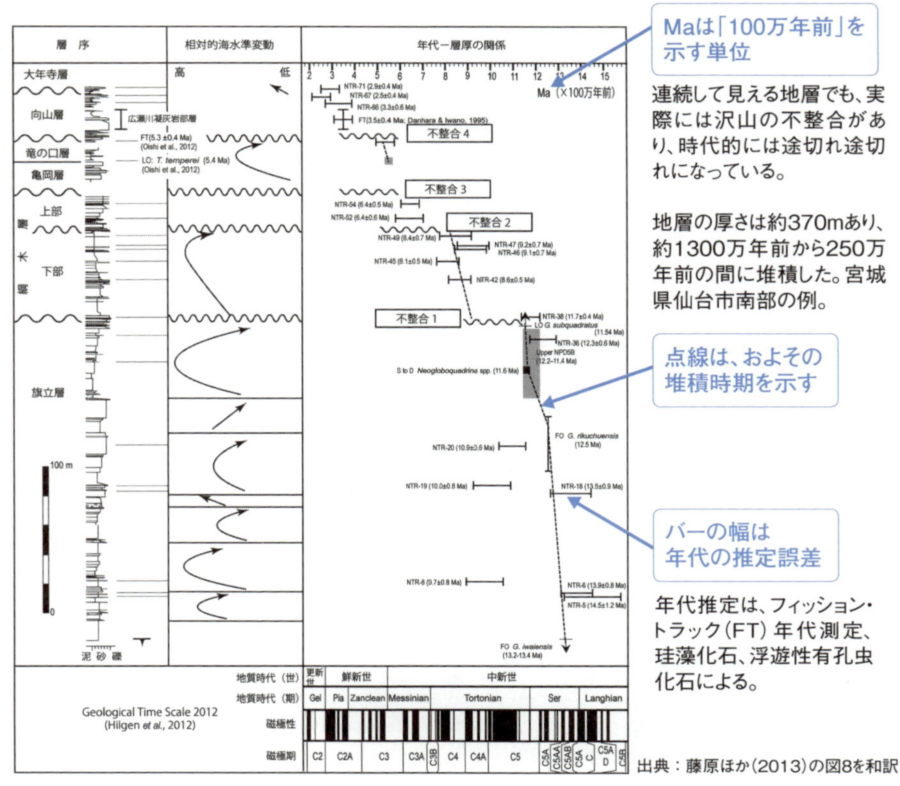

連続して見える地層でも、実際には沢山の不整合があり、時代的には途切れ途切れになっている。

地層の厚さは約370mあり、約1300万年前から250万年前の間に堆積した。宮城県仙台市南部の例。

年代推定は、フィッション・トラック(FT)年代測定、珪藻化石、浮遊性有孔虫化石による。

出典：藤原ほか(2013)の図8を和訳

65 環境悪化と気候変動によるサンゴ礁の衰退

サンゴ礁とCO_2

堆積岩のうち、炭酸カルシウム（$CaCO_3$）を50％以上含むものを、石灰岩と呼びます。琉球列島や小笠原諸島に分布するサンゴ礁で、現在も石灰岩が作られている様子を観察することができます。島を取り囲むように広がったサンゴ礁は、長い年月を経て島が隆起すると海岸段丘となって、市街地や農地が拡がり、人々の生活の場となります。

サンゴ礁には、サンゴや石灰藻類、有孔虫類（星砂の仲間）など、炭酸カルシウムの殻をもつ生物がたくさん生息していて、大量の炭酸カルシウムを生産しています。海水は弱アルカリ性で、カルシウムイオンをたくさん含むので、炭酸カルシウムの析出に適しています。さらに、サンゴや有孔虫類は、体内に藻類を共生させて、光合成によって得られるエネルギーで、活発に炭酸カルシウムの殻を形成しているのです。

サンゴは、気候変動や環境の変化に敏感に影響を受ける生物です。このため環境変動を記録する化石と言えます。20世紀後半は、陸域の開発の影響で、沿岸海域の富栄養化が進行し、その影響で大発生したオニヒトデによるサンゴ食害が問題となりました。近年では、地球温暖化により、サンゴの大規模白化現象が発生しています。30℃を越えるような異常高水温が続くと、サンゴは共生藻類を失い、炭酸カルシウムの骨格が透けて白色を呈し、やがて死んでしまいます。琉球列島では、1998年と2016年に大規模なサンゴ白化現象が発生しました。

現在、人類活動によって大気に蓄積した二酸化炭素が海洋に溶け込んで、海水のpHを低下させる海洋酸性化現象が注目されています。海水が酸性化すると、サンゴは炭酸カルシムの骨格を形成しにくくなります。産業革命以降、すでにサンゴの炭酸カルシウム生産は減少している可能性が指摘されています。そして、21世紀の後半にかけて、世界中のサンゴ礁の衰退が懸念されています。

要点BOX

●海洋にCO_2が溶け込むと海水が酸性化して、サンゴの炭酸カルシウム骨格の生成が阻害されてしまう

海洋環境の悪化とサンゴ礁の衰退

提供：雪野 出

地球温暖化と異常高水温による
サンゴ白化現象の頻発

健全なサンゴ礁

魚類の乱獲

赤土流入

水質悪化

オニヒトデ大発生

衰退したサンゴ礁

海岸浸食の懸念

海洋酸性化の進行による
石灰化量の低下

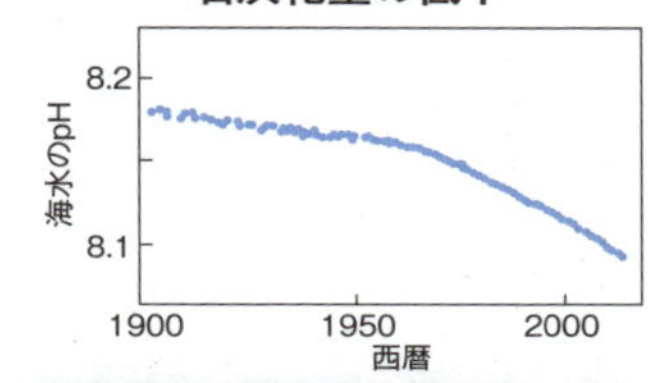

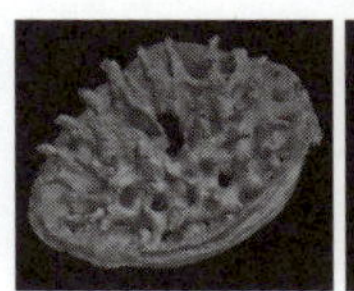

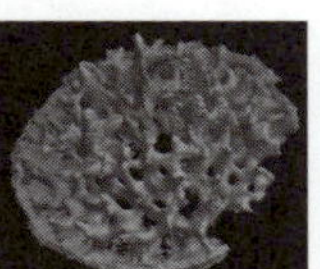
提供：岩崎晋弥

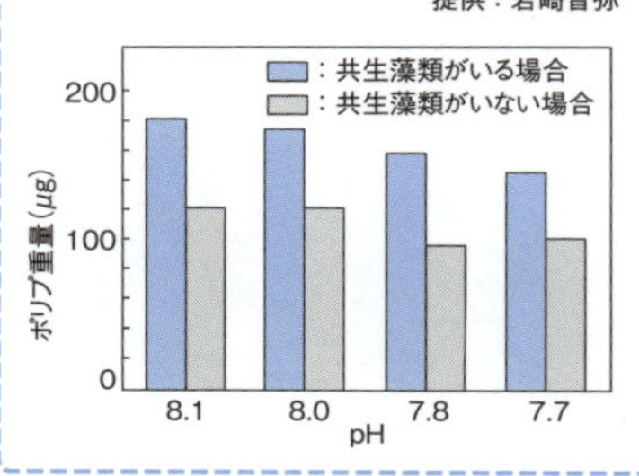

Column

地質から学ぶ これからのこと

日本の国土はおよそ38万平方キロメートルで、世界第61位です。セメントの材料である石灰岩の自給率は100%ですが、狭い国土がゆえに鉱物資源のほとんどを輸入に頼っています。これに対し、領海と排他的経済水域は447万平方キロメートルで、世界第6位です。この広大な海底に眠る鉱物資源は、ほとんど手つかずの状態です。資源がどこにどのくらい存在しているのか。環境に配慮しつつ、それらをどのようにして安全かつ効率的に採取することができるのか。日本経済の将来において、海洋資源開発が重要な鍵を握っていることは間違いないでしょう。そのためには、いつどこでどのように鉱物資源が形成されたのか、地球の歴史から学ぶ必要があります。

日本列島はおよそ2000〜1500万年前に大陸から分離し、今の位置に移動してきました。その背後に広がった海が日本海です。日本海の拡大にともない、海底では活発な火山活動が続きました。その結果、黒鉱と呼ばれる金属鉱床が形成され、東北日本を中心に多数の鉱山で採掘されました。沖縄トラフや伊豆諸島に沿う海底では、数百万年前から地殻が引き伸ばされ、多数のリフト帯が形成されています。リフトの活動に伴って無数の海底火山が形成されており、地下から湧き出している熱水の周辺では、1500万年前の黒鉱と同じように金属鉱床が生成されていると考えられています。

地表に露出した地質を調べて過去の鉱床生成過程を研究し、現在進行中の海底資源の探査・研究に活かす。一見、過去を探る地質学と現在の資源開発とは繋がらないように感じるかもしれませんが、今を理解するためには過去を記録した地質に学ばなければならない。「温故知新」とは、まさに地質学の研究姿勢そのものといえます。現在も過去も、陸上も海底も、地上も地下も、全部をひっくるめて自然から学ぶ。多様な専門分野からなる地質学は、その多様性こそが最も重要な特質だといえるでしょう。

【参考文献】

地質調査所（1992）100万分の1日本地質図 第3版．

地質調査総合センター「地質を学ぶ、地球を知る」https://www.gsj.jp/geology/index.html（2017/10/12閲覧）

地質調査総合センター「地質図Navi」：https://gbank.gsj.jp/geonavi/（2017/10/12閲覧）

藤岡換太郎・平田大二 編著（2014）日本海の拡大と伊豆弧の衝突－神奈川の大地の生い立ち－．有隣新書，有隣堂．191p.

藤原 治（2015）津波堆積物の科学．東京大学出版会．296p.

藤原 治ほか（2013）仙台南西部に分布する東北日本太平洋側標準層序としての中・上部中新統および鮮新統．地質学雑誌，119，補遺，96-119.

濱崎聡志（2000）流紋岩浅所貫入岩体の内部構造と貫入過程－佐賀県泉山陶石鉱床における流紋岩体の例－．火山，39，91-98.

Hayashi, S. et al. (2013). Bone inner structure suggests increasing aquatic adaptations in Desmostylia (Mammalia, Afrotheria). PLoS ONE, 8 (4) e59146. doi:10.1371/journal.pone.0059146.

平嶋義宏（2002）生物学名概論．東京大学出版会．249pp.

IGRAC (International Groundwater Resources Assessment Centre), UNESCO-IHP (UNESCO International Hydrological Programme), 2015. Transboundary Aquifers of the World [map]. Edition 2015. Scale 1 : 50 000 000. Delft, Netherlands: IGRAC, 2015. https://www.un-igrac.org/resource/transboundary-aquifers-world-map-2015

犬塚則久（1988）北海道歌登町産Desmostylusの骨格I．頭蓋．地質調査所月報，39，139-190.

犬塚則久（2000）束柱目研究の動向と展望．足寄動物化石博物館紀要，No.1，9-24.

石原与四郎・宮田雄一郎，1999，中期更新統蒜山原層（岡山県）の湖成縞状珪藻土層に見られる周期変動．地質学雑誌，105，461-472.

Iwasaki, S. et al. (2016) The role of symbiotic algae in the formation of the coral polyp skeleton: 3-D morphological study based on X-ray microcomputed tomography, Geochem. Geophys. Geosyst., 17, doi:10.1002/2016GC006536.

Isozaki, Y. (1996) Anatomy and genesis of a subduction-related orogen: A new view of geotectonic subdivision and evolution of the Japanese Islands. Island Arc, 5, 289-320.

井澤英二（1993）よみがえる黄金のジパング．岩波書店，104p.

Izawa, E. and Watanabe, K. (2001) Overview of epithermal gold mineralization in Kyushu, Japan. Society of Economic Geologists Guidebook Series, 34, 11-15.

地震調査研究推進本部（2014）地震がわかるhttp://www.jishin.go.jp/main/pamphlet/wakaru_shiryo2/wakaru_shiryo2.pdf

(2017/12/6閲覧)
貝塚爽平(1979)東京の自然史(増補第二版)紀伊国屋書店,239p.(2011年に講談社より文庫版が発売)
貝塚爽平ほか編(2000)日本の地形4　関東・伊豆小笠原,東京大学出版会,349p.
紺野義夫(1984)能登の丘陵と珪藻泥岩,アーバンクボタ,No.23,36-39.
兼子 尚知・鵜野 光・岩下 智洋(2013)3D プリンタによる地質標本の模型製作,地質調査研究報告,67,133-135.
岸本清行ほか(2015)海洋底地球科学における精密海底地形情報の役割:日本の大陸棚限界画定調査を例にして,地学雑誌,124,711-728.
London, D. and Kontak, D. J. (2012) Granitic pegmatites: Scientific wonders and economic bonanzas. Elements, 8, 257-261.
前杢英明(2006)室戸半島の第四紀地殻変動と地震隆起,地質学雑誌,112　補遺,17-26.
日本セラミックス協会 日本のやきものウェブサイト(http://www.ceramic.or.jp/museum/yakimono/index.html)
日本地熱学会ウェブサイト (http://grsj.gr.jp/jgea/main_a.html)
日本地質学会地層命名の指針(2000/4/1改訂)http://www.geosociety.jp/name/content0003.html(2018／1／12閲覧)
日本地質学会　県の石 http://www.geosociety.jp/name/content0121.html
日本地質学会　地質系統・年代の日本語記述ガイドライン(2017年2月改定)http://www.geosociety.jp/name/content0062.html
日本動物分類学関連学会連合(2000)国際動物命名規約　第4版 日本語版
(同規約は2005年に追補が出されている:http://ujssb.org/iczn/pdf/iczn4_jp_.pdf)
日本金山誌編纂委員会 (2014) 日本金山誌 第1～5編(CD版),資源・素材学会,東京
日本鉱物科学会「ひすい」を我が国の「国石」として選定http://jams.la.coocan.jp/ishi_2016.html(2018/1/10閲覧)
日本工業規格(地質図記号,色,模様,用語及び凡例表示):http://kikakurui.com/a0/A0204-2012-01.html　(2018/1/12閲覧)
小笠原正継・須藤定久(2003)日本の鉱物資源,地質標本館グラフィックシリーズ 8,地質調査総合センター.
小原泰彦・加藤幸弘・西村 昭(2015)口絵2:大陸棚限界委員会が2012年4月19日に日本に勧告した延長大陸棚,地学雑誌,124,xviii.
沖　大幹(2012)水危機　ほんとうの話,新潮社,p80-82.
Otofuji, Y., Matsuda, T. and Nohda, S. (1985) Opening mode of the Japan Sea inferred from the paleomagnetism of the Japan arc. Nature, 317, 603-604.
尾崎正紀・水野清秀・佐藤智之(2015)5万分の1富士川河口断層帯及び周辺地域地質編纂図及び説明書,産総研地質調査総合センター:https://www.gsj.jp/data/coastal-geology/GSJ_SGMCZ_S5_2016_09_a.pdf

REN21 (2017) Renewables 2017: Global Status Report, Renewable Energy Policy Network for the 21 Century, Paris, 302p.
Sanematsu, K. and Watanabe, Y. (2016) Characteristics and genesis of Ion-Adsorption Type REE deposits. In Rare and Critical Elements in Ore Deposits, Reviews in Economic Geology, 18, 55-79.
産業技術総合研究所　活断層データベースhttps://gbank.gsj.jp/activefault/index_cyber.html(2018/1/10閲覧)
産業技術総合研究所(2014)地震を知って明日に備えるhttp://www.aist.go.jp/pdf/aist_j/san_so_ken/201401/sansoken201401.pdf (2018/1/10閲覧)
産業技術総合研究所プレス発表資料(2017/6/7)千葉県市原市の地層を地質時代の国際標準として申請http://www.aist.go.jp/aist_j/press_release/pr2017/pr20170607_2/pr20170607_2.html
Sato, T. (1974) Distribution and geologic setting of the Kuroko deposits. Mining Geology Special Issue, 6, 1-9.
Sato, K. and Kase, K. (1996) Pre-accretionary mineralization of Japan. Island Arc, 5, 216-228.
石油天然ガス・金属鉱物資源機構　石油・天然ガス開発"http://www.jogmec.go.jp/oilgas/technology_008.html(2018/1/12閲覧)
資源地質学会(2003)資源環境地質学：地球史と環境汚染を読む"資源地質学会"東京"492pp"
宍倉正展・鎌滝孝信・藤原　治(2016)房総半島南部沿岸の海岸段丘と津波堆積物に記録された過去の関東地震の履歴"地質学雑誌"122"357-370.
杉山雄一ほか(1997)「50万分の1活構造図　東京(第2版)」"地質調査所
住友金属鉱山株式会社(2017)菱刈鉱山"住友金属鉱山株式会社"1-10"
須藤定久・内藤一樹 (2000) 東濃の陶磁器産業と原料資源"地質ニュース"No.553"33-41.
佃　栄吉ほか(1993)「阿寺断層系ストリップマップ」"地質調査所
上野輝彌・坂本　治・関根浩史(1989)埼玉県川本町中新統産出カルカロドン・メガロドンの同一個体に属する歯群"埼玉県立自然史博物館研究報告"　No.7"73-85.
U.S. Geological Survey (2017) Mineral Commodity Summaries 2017, U.S. Geological Survey, Reston, 202p.
Wada,Y.and Bierkens, F.P.M. (2014) Sustainability of global water use: past reconstruction and future projections, Environmental Research Letters, 9, p1-17. doi:10.1088/1748-9326/9/10/104003.
山岡一雄・根建心具(1978)千歳・高玉両浅熱水性鉱床産金銀鉱物"金銀鉱石研究委員会編 日本の金銀鉱石第2集"75-100.
Yoshida, H. et al. (2015) Early post-mortem formation of carbonate concretions around tusk-shells over week-month timescales. Scientific Reports, 5, 14123, doi:10.1038/srep14123.

索引

ア

カ

サ

タ

ナ ハ

マ

ヤ ラ

●編著者略歴

吾妻　崇（あづま　たかし）

1969年神奈川県生まれ。産総研 地質調査総合センター　活断層・火山研究部門　主任研究員、博士（地理学）。1998年に専修大学大学院文学研究科で学位を取得し、同年4月に地質調査総合センターの前身である工業技術院地質調査所に入所。地震地質部に所属。専門は変動地形学、第四紀地質学。入所以降、活断層調査に従事し、全国各地の活断層で活動履歴調査を実施しているほか、地表地震断層を伴う内陸地殻内地震が発生した際には緊急調査を実施している。現在は、産総研で公開している活断層データベースの管理も担当している。

井川　怜欧（いかわ　れお）

1979年滋賀県生まれ。産総研 地質調査総合センター　地圏資源環境研究部門　上級主任研究員、博士（理学）。2008年に熊本大学大学院自然科学研究科博士後期過程を修了し、地質調査総合センターに入所。専門は水文地質学ならびに地下水学。森林における地下水涵養機構から沿岸域の深部地下水の流動機構まで地下水に関する幅広い研究を行ってきた。現在は、国内外における沿岸域地下水の資源評価などを中心に研究を行なうと共に、所内外のシンポジウムや講演等で地下水資源の「見える化」についての情報を積極的に発信している。

実松　健造（さねまつ　けんぞう）

1979年長崎県生まれ。産総研 地質調査総合センター　地圏資源環境研究部門　上級主任研究員、博士（工学）。2007年に九州大学大学院工学府博士課程を修了し、産業技術総合研究所に入所。専門は鉱床学で、鉱物資源の中でも希土類（レアアース）を中心に海外の鉱床の調査や研究を行ってきた。現在も引き続き、低炭素社会に関連するレアメタルの調査に広く取り組んでいる。

鈴木　淳（すずき　あつし）

1965年千葉県生まれ。産総研 地質調査総合センター 地質情報研究部門海洋環境地質研究グループ・研究グループ長、博士（理学）。1992年に東北大学大学院理学研究科博士後期課程を中退し、地質調査総合センターの前身である工業技術院地質調査所に入所。生物地球化学、海洋地質学が専門。海洋における炭素循環の研究、サンゴ骨格による古気候復元の研究を行ってきた。現在は、海洋酸性化問題に対して主に飼育実験手法を用いた研究を進めている。

高橋　雅紀（たかはし　まさき）

1962年群馬県生まれ。元産総研 地質調査総合センター　地質情報研究部門 上級主任研究員、理学博士。1990年に東北大学大学院理学研究科で博士号を取得後、1992年に地質調査所（現産総研）に入所。専門はテクトニクスで、関東地方を中心に地質を調べ、日本列島の成り立ちを研究中。地質学的にも地球物理学的にも未解明であった今日の東西短縮地殻変動の原因が、フィリピン海プレートの運動であるとする日本海溝移動説を2017年に提唱。

吉川　敏之（よしかわ　としゆき）

1966年栃木県生まれ。産総研 地質調査総合センター　地質情報基盤センター長。1989年に筑波大学第一学群自然学類を卒業し、地質調査総合センターの前身である地質調査所に入所。専門は野外地質学。入所以来国内各地の地質図を制作する調査・研究に携わってきた。近年は成果発信部署を本務として、地質図をはじめとする地質情報のウェブからの発信と地質学の理解増進に力を入れるとともに、宇都宮大学の客員教授を5年間務めた。

今日からモノ知りシリーズ
トコトンやさしい
地質の本

NDC 450

2018年2月20日　初版1刷発行
2024年5月31日　初版5刷発行

©編著者　藤原　治
　　　　　斎藤　眞
発行者　井水 治博
発行所　日刊工業新聞社
　　　　東京都中央区日本橋小網町14-1
　　　　（郵便番号103-8548）
　　　　電話　書籍編集部　03（5644）7490
　　　　　　　販売・管理部　03（5644）7403
　　　　FAX　03（5644）7400
　　　　振替口座　00190-2-186076
　　　　URL　https://pub.nikkan.co.jp/
　　　　e-mail　info_shuppan@nikkan.tech
印刷・製本　新日本印刷（株）

●DESIGN STAFF
AD――――――志岐滋行
表紙イラスト――――黒崎　玄
本文イラスト――――榊原唯幸
ブック・デザイン――奥田陽子
　　　　　　　　（志岐デザイン事務所）

●
落丁・乱丁本はお取り替えいたします。
2018 Printed in Japan
ISBN　978-4-526-07806-4 C3034

●定価はカバーに表示してあります

●編著者略歴

藤原　治（ふじわら　おさむ）

1967年岡山県生まれ。国立研究開発法人産業技術総合研究所（産総研）地質調査総合センター　活断層・火山研究部門　研究部門長。元地質標本館長。博士（理学）。1992年に東北大学大学院理学研究科博士前期課程を修了し、動力炉・核燃料開発事業団（現日本原子力研究開発機構）入所。2005年に地質調査総合センター入所。専門は地質学、古生物学。近年は南海トラフ、相模トラフなどの沿岸で津波堆積物を使った古地震の履歴調査を行ってきた。地質調査総合センターの成果普及と広報にも力を入れている。主著「津波堆積物の科学」（2015年、東京大学出版会）、奇跡の地形（監修、2019年、洋泉社）ほか。

斎藤　眞（さいとう　まこと）

1964年岐阜県生まれ。産総研 地質調査総合センター連携推進室連携オフィサー、博士（理学）。1990年に名古屋大学大学院理学研究科博士後期課程を中退し、地質調査総合センターの前身である地質調査所に入所。専門は地質学で、九州中部から南西諸島北部と岐阜県中西部の付加体の研究を中心に地質図の作成を行ってきた。現在はシームレス地質図編集委員会委員長として20万分の1日本シームレス地質図V2の編さんを行っている。その一方で、地質関係のイベントの企画を行ったり、化石チョコレートの開発、Geological Textileの開発に参加したりと、地質情報の普及も精力的に行っている。

荒井　晃作（あらい　こうさく）

1966年長野県生まれ。産総研 地質調査総合センター地質情報研究部門 研究部門長、博士（学術）。1994年に金沢大学自然科学研究科物質科学専攻を修了し、学位を取得。1995年に科学技術特別研究員として地質調査総合センターの前身である地質調査所燃料資源部に所属、1997年に地質調査所海洋地質部に入所。専門は海洋地質学、堆積学で、遠州灘、北海道沖日本海の海底地質図の作成を行ってきた。2008年より南西諸島周辺の海洋地質調査を中心に研究を行っている。また、スマトラ島沖スンダ海溝や東北沖日本海溝など、巨大地震の発生をもたらす地質構造の解明を目指した海洋地質調査に参加している。